U0161109

国家科学技术学术著作出版基金资助出版

复合精冲成形理论与技术

华 林 刘艳雄 著

科学出版社

北 京

内 容 简 介

本书系统阐述应力增塑复合精冲成形理论，揭示中厚板三维挤压与二维精冲落料复合成形过程中材料的流动变形规律，创新性地开发高强度低塑性材料全光亮带精冲成形、小无塌角精冲成形、斜齿圆柱齿轮旋转精冲成形、中厚板法兰冲挤复合成形、全自动液压精冲机高刚度高精度机械结构与高性能节能液压系统设计、高速机械液压伺服精冲机设计等系列复合精冲成形工艺与装备技术。同时，介绍复合精冲生产线的组成，以及典型中厚板结构件的复合精冲成形工艺与模具技术。

本书适合从事复合精冲成形工艺与装备研发的工程技术人员阅读，也可供高等院校相关专业的教学、科研人员和研究生学习。

图书在版编目（CIP）数据

复合精冲成形理论与技术 / 华林，刘艳雄著 . —北京：科学出版社，2022.3

ISBN 978-7-03-071393-3

Ⅰ. ①复… Ⅱ. ①华… ②刘… Ⅲ. ①精密冲裁 Ⅳ. ①TG386.2

中国版本图书馆 CIP 数据核字（2022）第 020817 号

责任编辑：魏英杰 / 责任校对：崔向琳
责任印制：赵　博 / 封面设计：陈　敬

科 学 出 版 社 出版

北京东黄城根北街 16 号
邮政编码：100717
http://www.sciencep.com

北京建宏印刷有限公司印刷

科学出版社发行　各地新华书店经销

*

2022 年 3 月第　一　版　　开本：720 × 1000　B5
2024 年 1 月第二次印刷　印张：14
字数：280 000

定价：128.00 元
（如有印装质量问题，我社负责调换）

前　言

　　中厚板结构件作为机械承载与力能传递的关键构件广泛用于汽车、火车、飞机、能源、武器装备等工业领域。中厚板结构件通常具有复杂三维形状，局部有增厚/变薄、凸台/凹槽、盲孔/起伏等结构特征，而且具有互换性装配要求。中厚板结构件的性能和寿命直接影响高端装备的性能和寿命。

　　复合精冲成形技术是中厚板结构件的先进塑性加工技术，相比中厚板结构件的普通冲压制坯和切削加工传统制造技术，复合精冲成形中厚板构件金属流线随形分布、组织性能优异、尺寸精度高，具有优质、高精、高效、节能、节材、绿色等优点，特别适合中厚板结构件的大批量自动化生产，在瑞士、德国、日本等世界工业先进国家得到深入研究和广泛应用。

　　本书是作者在中厚板结构件复合精冲技术方面多年研究成果的总结。在国家自然科学基金、国家科技重大专项等支持下，武汉理工大学复合精冲科研团队通过产学研合作，深入系统地研究了应力增塑复合精冲基础理论，开发了高强度低塑性材料全光亮带精冲成形、小无塌角精冲成形、斜齿圆柱齿轮旋转精冲成形、中厚板法兰冲挤复合成形、全自动液压精冲机高刚度高精度机械结构与高性能节能液压系统设计、高速机械液压伺服精冲机设计等系列复合精冲成形工艺与装备技术，并在国内复合精冲企业中进行了推广应用，取得显著的社会效益。基于此，作者将复合精冲相关研究成果进一步总结整理，希望可以加快发展我国中厚板结构件复合精冲先进技术。

　　本书的研究工作得到毛华杰教授、朱春东教授、赵新浩博士、徐志成博士，研究生刘胜林、曹晨华、李淑洁、唐博、夏文婷、刘浩、郑斌、张作为、胡文涛、叶德金，以及武汉泛洲机械制造有限公司、黄石华力锻压机床有限公司、武汉华夏精冲技术有限公司、武汉中航精冲技术有限公司、苏州东风精冲工程有限公司、中机精冲科技(福建)有限公司等复合精冲企业的支持，在此一并致谢！

　　感谢国家科学技术学术著作出版基金的资助和科学出版社魏英杰编审的大力帮助。

　　复合精冲技术处于快速发展之中，加上作者水平有限，书中难免存在不妥之处，恳请读者批评指正。

作　者

目　　录

第1章 绪 论

1.1 精冲与复合精冲基本原理

精冲是在普通冲压基础上形成的一种冲压落料工艺。其基本成形原理如图 1-1 所示。精冲模具由压边圈、凸模、凹模、反顶杆组成。在精冲过程中，压边圈首先以压边力压紧坯料。然后，凸模开始往下挤压坯料，同时反顶杆以一定的反顶力顶住工件与凸模同步往下运动。因此，在冲压力 F_p、压边力 F_{bh} 和反顶力 F_{cp} 的共同作用下，变形区的材料处于三向静水压应力状态，发生纯剪切塑性变形[1]。通过一次精冲成形即可获得高尺寸精度与高断面质量的精冲件。

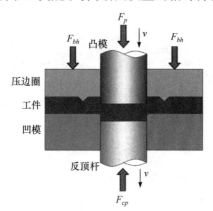

图 1-1　精冲基本成形原理

精冲技术诞生于 20 世纪 20 年代。1922 年 4 月 9 日，德国的 Schiess 申请了"金属零件液压冲压装置"的德国专利证书，并于次年 3 月 9 日取得精冲技术的专利权[2]。1924 年，Schiess 在瑞士建立世界上第一个精冲工厂，并在 1925 年生产了世界上第一个精冲零件。1957 年，瑞士 Heinrich-Schmid 公司制造出世界上第一台精冲压力机，采用肘杆式机械传动结构。随后，该公司生产了第一台全液压三动精冲压力机。

精冲技术的发展可分为三个阶段：第一阶段是秘密期，1923～1956 年，精冲技术主要用于钟表、打字机、纺织机械等工业领域；第二阶段是普及期，1957～1979 年，此时精冲技术主要用在机械、仪器仪表、照相机、电子、小五金、家电等工业领域；第三阶段是发展期，从 1980 年至今，精冲技术进入汽车、摩托车和计算机等工业领域，得到全面发展。尤其是在汽车领域，据不完全统计，在汽车的整车零件中，精冲件约占冲压件的 25%，包括刹车蹄片、电机凸轮轴齿轮、棘轮、扇形齿板、座椅调角器、拨叉等。

随着中厚板类结构件的应用领域越来越广泛，其形状越来越复杂，承担的功能要求也越来越多[3]。精冲工艺与其他的板料体积成形工艺，如挤压、镦粗、冷锻、拉深、弯曲、翻边等相结合成为复合精冲成形技术，可以将精冲落料获得的二维平面件提升到具有复杂形状的三维立体件[4-6]。通过复合精冲工艺，可以进一步拓展精冲技术的应用范围。典型的复合精冲中厚板结构件如图 1-2所示。

图 1-2　典型的复合精冲中厚板结构件

复合精冲成形三维复杂形状中厚板结构件逐步取代了普通冲压落料后再进行焊接、机加工的传统制造工艺，具有生产效率高、产品尺寸精度高且一致性好、材料利用率高、零件塑性成形流线保留完整性好等优点。以汽车变速器换挡拨叉结构件为例，传统拨叉大部分采用铸造工艺制造，随着复合精冲技术的发展，开始逐步替代传统工艺。目前的变速器换挡拨叉总成基本采用复合精冲技术生产制造。以大众系汽车为例，从 02K 手动变速箱拨叉、MQ200 和 MQ250 手动变速箱拨叉，到 DQ250 双离合自动变速箱拨叉，均采用复合精冲件组装而成。复合精冲制造的 MQ200 和 MQ250 变速箱换挡拨叉总成如图 1-3 所示。

图 1-3 复合精冲制造的 MQ200 和 MQ250 变速箱换挡拨叉总成

复合精冲是采用板料体积成形工艺获得零件的结构特征，采用精冲工艺实现落料。板料体积成形与精冲落料有三种组合方式，即先体积成形，然后横向级进到下一个工步进行精冲落料；体积成形与精冲落料在同一个工步同时进行；先精冲落料，然后通过模具旋转或者机械手将零件移动到各体积成形工步实现条料外体积成形。

1.2 精冲产业发展现状

中国精冲技术经历了 50 多年的发展，取得了快速的进步。尤其是近 10 年，中国汽车市场的飞速发展带动了整个行业的腾飞，越来越多的企业和人才投身到精冲行业。精冲件原材料和精冲模具原材料供应、精冲装备制造、产品工艺开发、模具设计制造、开卷校平设备、精冲润滑油、去毛刺设备等企业都得到发展和完善，形成了完整的精冲产业链。

据统计，截至 2018 年底，国内有精冲企业约 130 余家，分布在 19 个省市，主要集中在湖北、江苏、浙江、广东、山东、河北等地。初步统计，这些精冲企业拥有各类精冲机 300～400 台。随着中厚板零部件的加工精度、性能和成本的要求越来越高，许多中厚板结构件生产逐步从普通冲压生产技术转变为复合精冲技术。诸多普通冲压企业也逐步新增精冲生产线。未来中国精冲市场至少还需要 600 多条精冲生产线才能满足市场对精冲件的需求。目前，90%左右的精冲件供汽车行业使用。未来，精冲件的种类和应用领域将更加的多元化，如高铁、航空发动机、核电、石油化工、武器装备、纺织机械、电动工具等，都给精冲市场提供了更多的可能性。

1.3 复合精冲技术发展趋势

复合精冲成形技术的应用较为广泛，但是随着零部件轻量化的要求越来越高,以及绿色制造和智能制造的发展要求,复合精冲技术发展面临着新的挑战[7]。其发展趋势主要包括以下几个方面。

(1) 高强度轻量化材料的复合精冲技术。基于零部件轻量化设计制造要求,高强度轻量化材料的应用急剧增加,如高强钢、高强度铝合金、钛合金等。受限于精冲变形机理,精冲材料需要具有良好的塑性,目前精冲材料主要是中低强度的碳钢或合金钢。因此,亟须对高强度轻量化材料的复合精冲成形理论与技术开展研究。

(2) 高速复合精冲成形技术。随着复合精冲在工业领域的广泛应用,复合精冲件的需求越来越大。根据中国锻压协会 2016 年精冲行业分析报告,中国复合精冲结构件年需求量约 50 亿件,而国内每年仅能生产 10 亿~15 亿件,远不能满足市场需求。因此,必须进一步提高生产效率,开发高速复合精冲成形技术。目前复合精冲的生产效率一般为 25~40 件/min,对于某些合适的零件,精冲效率有望提高到 100~200 件/min,因此迫切需要攻克机械伺服的高速复合精冲成形工艺和装备技术。

(3) 长寿命复合精冲模具技术。复合精冲模具的寿命决定复合精冲工艺的生产效率和经济性。随着复合精冲材料强度的提高、零件厚度的增加,以及复合精冲频次的提高,对模具寿命提出了严峻挑战。因此,需要开发新的复合精冲模具设计技术,以及新的涂层技术,使其具有更高的硬度、更好的耐磨性和更好的韧性[8-10]。另外,为了提高复合精冲模具设计制作效率,复合精冲模具还需要尽快制定国家或者行业标准,形成复合精冲模具的标准化,从而实现复合精冲模具的智能设计,即通过输入零件图形,就能完成复合精冲模具的设计。

(4) 节能高效复合精冲装备技术。目前,复合精冲装备主要为液压式,即主冲压力、压边力和反顶力全为液压驱动。液压驱动的能量利用率非常低(约 7%~15%),为了实现节能减排,需要开发新的伺服电机液压驱动,或者液压直驱等液压系统设计技术[11]。另外,为了满足复杂形状的中厚板结构件复合精冲,精冲装备还需要尽可能地提供力源,如第 4、5 力,甚至第 6、7 力。同时,为了实现高速精冲,还需要开发主冲压力为机械伺服驱动的高速精冲机设计制造技术。

参 考 文 献

[1] Liu Y X, Hua L, Mao H J, et al. Finite element simulation of effect of part shape on forming quality in fine-blanking process. Procedia Engineering, 2014,(81):1108-1113.

[2] Thipprakmas S, Jin M, Murakawa M. An investigation of material flow analysis in fine blanking process. Journal of Materials Processing Technology, 2007,(192):237-242.

[3] 华林, 胡亚明, 宋燕利, 等. 精冲技术与装备. 武汉：武汉理工大学出版社, 2015.

[4] 邓明, 吕琳. 精冲——技术解析与工程运用. 北京: 化学工业出版社, 2017.

[5] Mao H J, Zhou F, Liu Y X, et al. Numerical and experimental investigation of the discontinuous

dot indenter in the fine blanking process. Journal of Manufacturing Processes, 2016,24(1):90-99.

[6] Merklein M, Allwood J, Behrens B, et al. Bulk forming of sheet metal. CIRP Annals-Manufacturing Technology, 2012, 61:725-745.

[7] Zheng Q, Zhuang X, Zhao Z. State-of-the-art and future challenge in fine-blanking technology. Production Engineering, 2019, 13(1):61-70.

[8] Gram M, Wagoner R. Fineblanking of high strength steels: Control of material properties for tool life. Journal of Materials Processing Technology, 2011, (211):717-728.

[9] Krobath M, Klunsner T, Ecker W, et al. Tensile stresses in fine blanking tools and their relevance to tool fracture behavior. International Journal of Machine Tools and Manufacture, 2018, (26):44-50.

[10] 张祥林, 张丽筠. 精冲模具崩刃失效演变及机理分析. 塑性工程学报, 2018,25(5):33-38.

[11] Zhao K, Liu Z, Yu S, et al. Analytical energy dissipation in large and medium-sized hydraulic press. Journal of Cleaner Production, 2015, 103:908-915.

第2章 静水压应力增塑复合成形理论

2.1 增塑成形概述

塑性成形是通过模具和设备对材料施加力场或再辅以温度等外场，利用塑性使其成形，获得形状、尺寸和力学性能满足要求的零部件制造技术。塑性是指材料在外力作用下发生永久变形而不破坏其完整性的能力。当材料塑性不足时，其在成形的过程中就易产生损伤、破裂等缺陷，因此需要尽量提高其变形能力。

对于提高材料塑性，首先要保证原材料的质量，如提高材料成分的均匀性、消除原材料内部的缺陷、细化材料晶粒的尺寸，并尽量提高组织的均匀性等[1]。另外，还可以通过改变塑性成形工艺条件来提升材料的塑性。具体措施如下。

1) 设置合理的变形温度

从总体上来说，在塑性变形过程中，随着温度的升高，塑性增加。但是，这种增加并非简单的线性上升。在加热过程的某些温度区间，材料内部往往由于相态或晶粒边界状态的变化而出现脆性区，使金属的塑性降低。以普通碳钢为例，在温度升高的过程中可能出低温的蓝脆区、中温热脆区和高温脆区等。因此，在工艺设计时，需要避开这些脆性变形区。

2) 选取适宜的应变速率

一般情况下，随着应变速率的降低，材料塑性增强。因此，对于高强度低塑性难变形材料，需要尽量降低应变速率，如 TC4 钛合金冷轧板材，在 830℃和 $0.001s^{-1}$ 条件下，伸长率达到 1259.0%[2]。但是，在极高的应变速率下，材料的塑性变形能力会大为提高，如爆炸成形等。

3) 外场辅助变形

超声波辅助塑性成形是一种典型的外场辅助塑性成形工艺。其基本原理是将高强度超声波输入模具中，在模具表面产生振幅为 a 的高频周期振动位移。因此，在成形过程中，模具与工件之间由于振动而产生瞬间分离，使工件产生强烈的体积效应和表面效应。其作用主要体现在以下方面[3-8]。

(1) 静应力的叠加和温度效应的影响使坯料的流变应力减小。

(2) 摩擦力矢量反向使振动周期部分时间的摩擦力有利于变形加工。

(3) 局部热效应的作用使局部粘焊现象减少。

(4) 振动可以改善加工润滑条件。

超声波辅助塑性成形早在 20 世纪 50 年代就被研究。Langenecker 在超声波辅助拉伸成形过程中发现了材料屈服应力和流动应力降低的现象[9]。受此启发，超声波辅助塑性变形被成功地应用到拉管、拉丝、挤压、轧制、深冲、拉深、镦锻和喷丸等工艺[10-13]。在这些研究中，超声波振动可以降低模具与工件之间的摩擦力及成形载荷。对于板料冲压成形，超声波振动能够提高板料的成形极限，减小回弹。

4) 静水压应力增塑

任意一点的应力状态可以如图 2-1 所示。其应力状态可以表示为

$$T_\sigma = \begin{bmatrix} \sigma_x & \tau_{xy} & \tau_{xz} \\ \tau_{yx} & \sigma_y & \tau_{yz} \\ \tau_{zx} & \tau_{zy} & \sigma_z \end{bmatrix} = \begin{bmatrix} \sigma_m & 0 & 0 \\ 0 & \sigma_m & 0 \\ 0 & 0 & \sigma_m \end{bmatrix} + \begin{bmatrix} \sigma_x - \sigma_m & \tau_{xy} & \tau_{xz} \\ \tau_{yx} & \sigma_y - \sigma_m & \tau_{yz} \\ \tau_{zx} & \tau_{zy} & \sigma_z - \sigma_m \end{bmatrix} \tag{2-1}$$

其中，平均应力 σ_m 定义为

$$\sigma_m = \frac{1}{3}(\sigma_x + \sigma_y + \sigma_z) \tag{2-2}$$

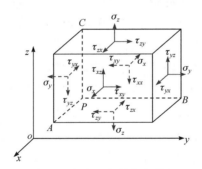

图 2-1　任意一点的应力状态

式(2-1)可以简写为

$$T_\sigma = T'_\sigma + T''_\sigma \tag{2-3}$$

其中，T''_σ 为应力偏张量；T'_σ 为应力球张量。

应力偏张量使该点产生塑性变形，而不产生弹性变形。应力球张量只能引起弹性变形，不会引起塑性变形。当应力球张量为负值时，称为静水压应力状态。

当材料在静水压应力作用下变形时，静水压应力能够抑制微观孔洞的形核和长大，从而抑制微观裂纹的萌生和扩展，使材料的塑性变形能力得到提高。卡尔曼实验成功地验证了在三向静水压应力状态下，大理石、红砂石等脆性材料也能实现良好的变形而不产生破坏，获得高达 78% 的压缩变形量。

2.2　增塑精冲原理

2.2.1　精冲成形基本原理

普通冲压成形原理如图 2-2 所示[14]。

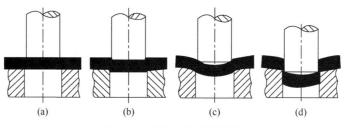

(a)　　　　　(b)　　　　　(c)　　　　　(d)

图 2-2　普通冲压成形原理

对于普通冲压，在冲压变形区，材料处于拉应力状态，因此冲压断面撕裂严重，光亮带仅占板料厚度的 1/3～1/2。

为了改变板料在冲压过程中的应力状态，在普通冲压的基础上，通过增加压边圈和反顶杆可以形成精冲成形工艺。在精冲成形过程中，变形区的材料处于三向静水压应力状态下发生纯剪切塑性变形。

与普通冲压工艺相比，精冲工艺具有以下特点。

(1) 模具结构具有压边圈和反顶杆，需要同时提供压边力、反顶力和冲压力，使剪切变形区形成静水压应力，实现全光亮带冲压成形。

(2) 精冲凸凹模间隙小。凸凹模间隙一般小于料厚的 1%t(t 为板料厚度)，并且在精冲过程中，凸模不能进入凹模。普通冲压凸凹模间隙一般为 10%t～15%t。

(3) 精冲凸、凹模刃口需要倒圆角。凹模圆角半径一般为 0.5mm，凸模的圆角半径一般为 0.01mm。对于普通冲压，需要保持凸凹模刃口锋利。

(4) 精冲零件质量好。其断面可以实现全光亮带，表面粗糙度达到 Ra 0.4～1.2μm，尺寸精度达到 IT 6～8 级，并且具有良好的平面度。对于普通冲压件，断面存在撕裂带，光亮带仅为板厚度的 1/3～1/2，零件平面度较差。

2.2.2　精冲成形应力分析

精冲材料受力及应力图如图 2-3 所示。图中，P_y 为凸模和反顶板合力；P_v 为 V 形齿圈作用于材料上的力；N 为作用于材料的侧向力；F_x、F_y 为摩擦力。

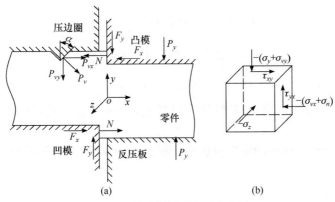

图 2-3　精冲材料受力及应力图

在材料剪切变形区内，任意一点 o 处取一基元六面体，应力分布如图 2-3(b) 所示。图 2-3(b)中所有的正应力和切应力均由图 2-3(a)中对应给出的力产生。σ_z 是模具对材料的约束作用产生的正应力。

o 点的应力张量 T_σ 可以写为

$$
T_\sigma = \begin{bmatrix} -(\sigma_{vx}+\sigma_n) & \tau_{xy} & 0 \\ \tau_{yx} & -(\sigma_y+\sigma_{vy}) & 0 \\ 0 & 0 & -\sigma_z \end{bmatrix}
$$

$$
= T_\sigma{}' + T_\sigma{}''
$$

$$
= \begin{bmatrix} -\sigma_m & 0 & 0 \\ 0 & -\sigma_m & 0 \\ 0 & 0 & -\sigma_m \end{bmatrix}
$$

$$
+ \begin{bmatrix} -\dfrac{2}{3}(\sigma_{vx}+\sigma_n)+\dfrac{1}{3}(\sigma_y+\sigma_{vy}+\sigma_z) & \tau_{xy} & 0 \\ \tau_{yx} & \dfrac{1}{3}(\sigma_{vx}+\sigma_n+\sigma_z)-\dfrac{2}{3}(\sigma_y+\sigma_{vy}) & 0 \\ 0 & 0 & -\dfrac{2}{3}\sigma_z+\dfrac{1}{3}(\sigma_{vx}+\sigma_n+\sigma_y+\sigma_{vy}) \end{bmatrix}
$$

$$
\text{(2-4)}
$$

由式(2-4)，应力偏张量 $T_\sigma{}''$ 可以写为

$$
T_\sigma{}'' = \begin{bmatrix} -\dfrac{2}{3}(\sigma_{vx}+\sigma_n)+\dfrac{1}{3}(\sigma_y+\sigma_{vy}+\sigma_z) & \tau_{xy} & 0 \\ \tau_{yx} & \dfrac{1}{3}(\sigma_{vx}+\sigma_n+\sigma_z)-\dfrac{2}{3}(\sigma_y+\sigma_{vy}) & 0 \\ 0 & 0 & -\dfrac{2}{3}\sigma_z+\dfrac{1}{3}(\sigma_{vx}+\sigma_n+\sigma_y+\sigma_{vy}) \end{bmatrix}
$$

$$
\text{(2-5)}
$$

应力球张量 T_σ' 可以写为平均应力的形式，即

$$-\sigma_m = \frac{1}{3}(\sigma_{vx} + \sigma_n + \sigma_y + \sigma_{vy} + \sigma_z) \qquad (2\text{-}6)$$

应力球张量 T_σ' 是 o 点所受的静水应力。当应力球张量为负值时，表示静水压应力状态。剪切变形区材料处在静水压应力状态是实现良好精冲成形质量的关键。

基于式(2-6)，在精冲成形过程中，提高静水压应力的措施主要包括以下几个方面。

1) 增大 σ_y

σ_y 为 P_y 产生的正应力，而 P_y 由两部分组成，即冲压力和反顶力。当材料和冲压速度一定时，冲压力的值通常是不变的，因此要增大 σ_y 必须通过增大反顶力来实现。反顶力增加，剪切变形区材料静水压应力会增加，进而使成形质量提高。

2) 增大 σ_n

σ_n 为侧向力产生的正应力。它与凸、凹模之间的间隙，以及凹模刃口的圆角有关。通常减小凸、凹模之间的间隙可以增大 σ_n，这也是精冲采取小间隙的原因。此外，增大凹模刃口圆角也可以增大 σ_n，进而增加剪切变形区材料的静水压应力，提高成形质量。

3) 增大 $(\sigma_{vx} + \sigma_{vy})$

由于 $\sigma_v = \sqrt{\sigma_{vx}{}^2 + \sigma_{vy}{}^2}$，$\sigma_v$ 是 V 形齿圈上的压边力作用于材料引起的应力，因此增加压边力能够增加静水压应力。同时，σ_{vx} 和 σ_{vy} 是由 σ_v 分解得到的，当压边力保持不变，齿形内角 $\alpha = 45°$ 时，精冲剪切变形区内材料受到的静水压应力最大。因此，增大压边力、选用合适的齿形内角是提高剪切变形区材料静水压应力的一个措施。

4) 关于 σ_z

通常精冲零件内凹比外凸的形状可以获得更大的 σ_z，因此在对压边圈进行布置时，V 形齿圈的轮廓可以不沿零件内凹形的轮廓布置，同样可以获得较大的静水压应力。这样做不但可以减小压边圈 V 形齿圈的布置难度，也有利于模具寿命的提高。

通过以上分析，当模具结构确定后，很难继续通过改变模具参数提高精冲剪切变形区材料的静水压应力。因此，对压边力、反顶力和冲压速度进行合理匹配，是提高精冲成形质量最重要的措施。

2.3　增塑精冲工艺设计新理论

根据传统精冲工艺设计理论，冲压力为

$$F_p = f_1 L t \sigma_b \tag{2-7}$$

其中，$f_1 = 0.9$；L 为零件外形轮廓周长；t 为材料厚度；σ_b 为材料的抗拉强度。

另外，根据经验压边力 F_{bh} 一般设置为 $50\% F_p$，反顶力 F_{cp} 大小设置为 $25\% F_p$，并且压边力、反顶力在精冲过程中保持恒定(图 2-4(a))。

由图 2-4(b)可以看出，传统精冲在冲压过程中随着冲压行程的增加，静水压应力逐渐减小并转变为拉应力，使剪切变形区材料损伤逐渐增加，进而导致裂纹萌生。因此，传统精冲材料需要进行球化退火，使其具有良好的塑性，从而保证在精冲后半阶段虽然处于拉应力状态，但由于材料良好的塑性，损伤积累不会产生裂纹[15]。

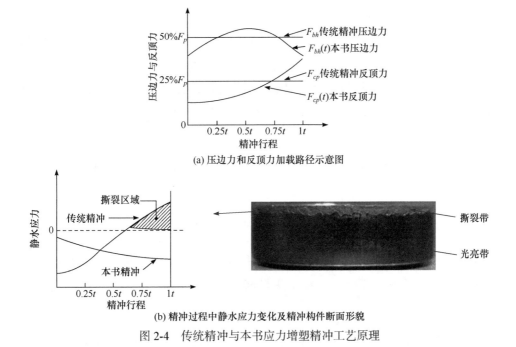

(a) 压边力和反顶力加载路径示意图

(b) 精冲过程中静水应力变化及精冲构件断面形貌

图 2-4　传统精冲与本书应力增塑精冲工艺原理

另外，精冲载荷为冲压力、压边力和反顶力之和。在传统精冲过程中，压边力和反顶力仅凭经验设计，并且在精冲过程中保持恒定，导致在精冲前半阶段静水压应力过大而后半阶段不足，不仅能量浪费严重还降低模具寿命。

对于 TC4 钛合金这类高强度低塑性材料，其强度达到 1000MPa 以上，延伸率低于 15%，在精冲后期由于拉应力作用，裂纹快速萌生并扩展，形成撕裂带，严重影响钛合金构件的质量与性能。因此，亟须发展高强度低塑性材料的精冲工艺设计理论。

本书创新性地提出静水压应力增塑精冲成形新工艺，通过建立动态工艺参数、静水压应力和断面损伤之间的定量关系，获得剪切变形区抑制裂纹萌生所需的临界静水压应力。在精冲过程中动态调整压边力、反顶力(图 2-4(a))，使变形区材料始终处于临界静水压应力状态(图 2-4(b))，从而通过静水压应力增塑，实现高强度低塑性构件全光亮带精冲成形。

下面以 TC4 钛合金为研究对象，详细阐述通过在精冲过程中动态协调压边力和反顶力，实现高强度低塑性材料的变载应力增塑精冲成形。

1. 材料本构模型

在应变率较低(或恒应变率)时，大多数金属在塑性变形阶段(即强化阶段)近似遵从下面的指数关系，即

$$\sigma = \sigma_0 + k\varepsilon^n \tag{2-8}$$

其中，σ_0 为屈服应力；k 为强化项的系数；n 为强化指数。

当应变率不太高时，有实验数据给出了材料的应变率效应，即在不太高的应变率下(一般指 $\dot{\varepsilon} \leqslant 10^2 s^{-1}$)，材料的应变率效应可以表示为

$$\sigma \propto \ln\dot{\varepsilon} \tag{2-9}$$

1983 年，Johnson 和 Cook 在考虑上述基本因素的基础上，提出本构经验模型(J-C 模型)，即

$$\sigma = \left(A + B\varepsilon^n\right)\left(1 + C\ln\frac{\dot{\varepsilon}}{\dot{\varepsilon}_0}\right)\left[1 - \left(T^*\right)^m\right] \tag{2-10}$$

其中，A 为初始条件下的屈服应力值；B 和 n 为应变强化项参数；C 为应变率敏感性常数；$\dot{\varepsilon}_0$ 为参考应变率；T^* 为无量纲温度参数，即

$$T^* = (T - T_r)/(T_m - T_r) \tag{2-11}$$

对于精冲工艺，温度变化对材料本构的影响可以忽略。为了建立材料的本构模型，进行室温拉伸实验。实验选取的材料为退火态 TC4 钛合金板材，厚度为 4mm。形状尺寸均按照国标要求设计，拉伸试样如图 2-5 所示。

通过拉伸实验得到的真实应力-应变曲线如图 2-6 所示。

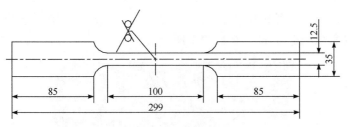

图 2-5　拉伸试样(单位：mm)

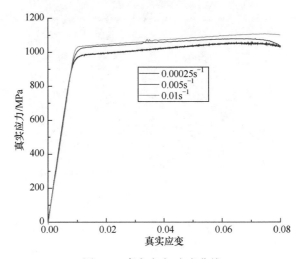

图 2-6　真实应力-应变曲线

通过拟合计算，TC4 钛合金的弹性模量为 112GPa，泊松比为 0.3。在塑性变形阶段，变形行为可描述为

$$\sigma = \left(969.9 + 1012.3\varepsilon^{0.59}\right)\left(1 + 0.01\ln\frac{\dot{\varepsilon}}{\dot{\varepsilon}_0}\right) \tag{2-12}$$

2. 断裂准则

在精冲过程中，剪切变形区的材料在三向静水压应力作用下可以实现纯塑性剪切变形，而 Oyane 断裂准则考虑静水压应力对于材料断裂的影响，因此采用 Oyane 断裂准则进行精冲过程中裂纹萌生的预测，即

$$C = \int_0^{\bar{\varepsilon}_f}\left(1 + A\frac{\sigma_m}{\bar{\sigma}}\right)\mathrm{d}\bar{\varepsilon}_p \tag{2-13}$$

其中，$\eta = \sigma_m / \bar{\sigma}$ 为应力三轴度。

为了确定准则中的材料常数 A，以及断裂准则阈值 C，设计具有不同应力三轴度的实验试样,通过拉伸实验获得材料在不同应力三轴度下的等效断裂应变[16,17]。拉伸实验后的试样如图 2-7 所示。

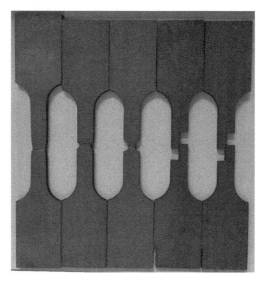

图 2-7　实验后的试样

　　首先,采用有限元仿真将各试样加载到对应实验试样的断裂位移量,此时认为试样发生断裂。然后,使用点追踪功能,读取每个模型几何中心点在整个过程中的平均应力与 Mises 等效应力。两者相除,即可得到试样在整个拉伸过程中的应力三轴度(图 2-8),同时测量得到等效断裂应变 $\bar{\varepsilon}_f$ 。

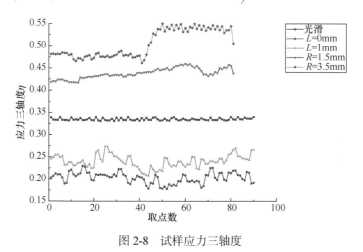

图 2-8　试样应力三轴度

　　在获得应力三轴度 η 和等效断裂应变 $\bar{\varepsilon}_f$ 之后,可以对 Oyane 断裂准则进行拟合。由图 2-8 可知，试样中心区域的应力三轴度是随着拉伸行程的增加而不断变化的。因此，可以按照积分定理将总的应变值分割成 n 等分，第 i 份应变对应的应力三轴度为 η_i，则式(2-13)可以转化为

$$C = \int_0^{\bar{\varepsilon}_f}\left(1+A\eta\right)\mathrm{d}\bar{\varepsilon}_p = \left[\sum_{i=1}^{n}\left(1+A\eta_i\right)/n\right]\bar{\varepsilon}_f = \left(1+A\bar{\eta}\right)\bar{\varepsilon}_f \tag{2-14}$$

即可用平均应力三轴度 $\bar{\eta}$ 进行断裂准则拟合。根据图 2-8，将所有点的值求和后除以点的个数，即可得到平均应力三轴度的值。平均应力三轴度和等效断裂应变如表 2-1 所示。

表 2-1 平均应力三轴度和等效断裂应变

试样	光滑	$L=0\text{mm}$	$L=1\text{mm}$	$R=1.5\text{mm}$	$R=3.5\text{mm}$
$\bar{\eta}$	0.34	0.20	0.24	0.44	0.51
$\bar{\varepsilon}_f$	0.18	0.39	0.37	0.32	0.24

将式(2-14)变形，改写为符合拟合函数的形式，即

$$C = \left(1+A\bar{\eta}\right)\bar{\varepsilon}_f \Rightarrow \bar{\varepsilon}_f = \frac{C}{1+A\bar{\eta}} \tag{2-15}$$

拟合结果为 $C=0.7$ 和 $A=3.2$，因此 Oyane 断裂准则表达式为

$$0.7 = \int_0^{\bar{\varepsilon}_f}\left(1+3.2\eta\right)\mathrm{d}\bar{\varepsilon}_p \tag{2-16}$$

3. 临界静水压应力

通过上述材料本构和断裂准则，可以建立 TC4 钛合金精冲的准确有限元模拟模型，通过有限元模拟，可以获得精冲行程中不使材料发生裂纹萌生的临界静水压应力。

由式(2-13)可知，C 值为积分形式，当被积函数无明确表达式时，会造成计算上的困难。因此，根据积分定理，可以采用分段求解的方式，即将等效断裂应变值分为 n 等份，每份对应的损伤值为 C_i，静水应力和等效应力分别为 σ_{mi} 和 $\bar{\sigma}_i$，使 C_i 的和小于等于断裂阈值 C，即

$$C = \sum_{i=1}^{n}C_i \leqslant 0.7 \tag{2-17}$$

为了求得临界静水应力，可将式(2-13)变形为

$$\frac{C-\bar{\varepsilon}_f}{A} = \int_0^{\bar{\varepsilon}_f}\frac{\sigma_m}{\bar{\sigma}}\mathrm{d}\bar{\varepsilon}_p \tag{2-18}$$

同样可写成分段求解的形式，即

$$\frac{C - \overline{\varepsilon}_f}{A} = \sum_{i=1}^{n} \frac{\sigma_{mi}}{\overline{\sigma}_i} \Delta\overline{\varepsilon}_p \tag{2-19}$$

其中，静水应力 σ_{mi} 为材料在整个精冲过程中临界断裂时的临界静水应力，可以改写为

$$\sigma_{mi} = \frac{\left(C_i - \overline{\varepsilon}_{fi}\right)\overline{\sigma}_i}{A\left(\overline{\varepsilon}_{pi} - \overline{\varepsilon}_{p(i-1)}\right)}, \quad i = 1, 2, \cdots, n \tag{2-20}$$

为了求得材料在冲压行程的临界静水应力，首先对精冲过程采用传统精冲工艺设计方法进行有限元模拟，获得传统精冲的等效应变、冲压损伤和凹模刃口处静水应力的变化。

在传统精冲行程中，凹模刃口处材料的等效应变和损伤值随凸模行程变化曲线如图 2-9 所示。从图 2-9(a)可以看出，在复合精冲过程中，凹模刃口处材料的等效应变随凸模行程的增加而线性增大。在图 2-9(b)中，损伤值在行程为 2mm 之前变化缓慢，接近 0，基本不产生损伤，在冲压后期增加较快。结合精冲行程中静水应力的变化趋势(图 2-9(a))，在行程为 2.8mm 左右，静水压应力变小，且由负转正，即材料由压应力变为拉应力状态，损伤加剧。

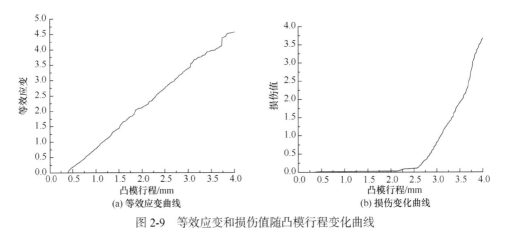

(a) 等效应变曲线　　　　　　　　　　(b) 损伤变化曲线

图 2-9　等效应变和损伤值随凸模行程变化曲线

为了更加符合材料静水应力和损伤的实际变化情况，可以将整个冲压行程分为两段考虑。

第一阶段，冲压行程为 0~2mm。由仿真数据，取凹模刃口处的材料为研究对象。根据式(2-20)，可以求得随着冲压行程变化的临界静水应力。第一阶段取 $n=4$，即每隔 0.5mm 取一个特征点。考虑前期材料损伤值极小，将此阶段的 C 值设为 0.05，每段设置为 0.005、0.005、0.005、0.035。第一阶段精冲位移、损伤值

与临界静水应力如表 2-2 所示。

表 2-2　第一阶段精冲位移、损伤值与临界静水应力

数据点	精冲位移			
	0.25mm	0.75mm	1.25mm	1.75mm
损伤值	0.005	0.005	0.005	0.035
临界静水应力/ MPa	−411	−552	−687	−731

第二阶段，冲压行程为 2～4mm。取 $n=4$，并考虑等效应力不断加大，将 C 值分别设为 0.05、0.1、0.2、0.3，进行临界静水应力求解。第二阶段精冲位移、损伤值与临界静水应力如表 2-3 所示。

表 2-3　第二阶段精冲位移、损伤值与临界静水应力

数据点	精冲位移			
	2.25mm	2.75mm	3.25mm	3.75mm
损伤值	0.05	0.1	0.2	0.3
临界静水应力/ MPa	−769	−757	−627	−469

选用二次函数形式对以上特征点进行拟合，可以得到临界静水应力曲线，即

$$y = 107x^2 - 452x - 289 \tag{2-21}$$

仿真得到的传统精冲静水应力和临界静水应力如图 2-10 所示。由此可知，采用传统精冲工艺，在精冲开始阶段(0～1.5mm)，刃口处静水压应力大于临界静水压应力，说明在这个阶段可以适当减小压边力和反顶力，从而节约能源。当冲压行程超过 1.5mm 以后，刃口处静水压应力达不到临界静水压应力要求，为了获得良好光亮带，需要动态调整压边力和反顶力。

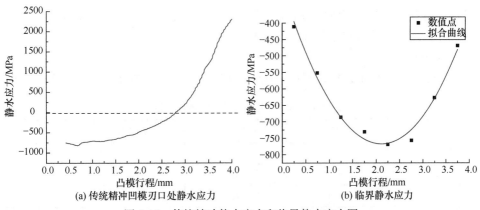

(a) 传统精冲凹模刃口处静水应力　　(b) 临界静水应力

图 2-10　传统精冲静水应力和临界静水应力图

4. 压边力与反顶力加载路径

通过上述分析可知，压边力和反顶力增大，静水压应力增大；压边力和反顶力减小，静水压应力减小。同时，随着剪切变形区逐渐远离压边圈，压边力在冲压行程后期对静水压应力影响减弱，而反顶力在整个冲压行程中对静水压应力都有影响。根据上述有限元模型，可以建立压边力与反顶力加载路径设计方法。

1) 压边力

我们将整个冲压行程分为 5 个部分,选取 6 个特征点,凸模行程分别为 0 mm、0.8 mm、1.6 mm、2.4 mm、3.2 mm、4mm。当凸模行程为 0mm 时，等效应变和等效应力极小，为了不使材料翘起，设置初始值为 10%理论计算冲压力，即 24kN。为了具有可操作性，以后的增加幅度为 10%冲压力。当凸模行程超过 2mm 时，压边力对静水应力影响减弱，此时保持压边力不变。

2) 反顶力

同样将整个冲压行程分为 5 个部分，考虑塌角的大小，将初始值设置为 10%冲压力，即 24kN。每次调整幅度同样为 10%冲压力。

3) 有限元仿真

由于冲压行程被分为 5 个部分，仿真也分为 5 段进行，分别为 0~0.8mm、0.8~1.6 mm、1.6~2.4mm、2.4~3.2 mm、3.2~4mm。

首先，将压边力和反顶力设置为 24kN，冲压行程设置为 0.8mm。仿真取凹模刃口处静水应力与所求的临界静水应力进行对比。若凹模刃口处实际静水应力小于临界静水应力，则进行下一阶段仿真。若凹模刃口处实际静水应力大于临界静水应力，则压边力增加 24kN~48kN，进行仿真。若还是达不到效果，反顶力增加 24kN~48kN，继续仿真，直到凹模刃口处实际静水应力小于临界静水应力。然后，进行第二阶段仿真，行程为 0.8~1.6mm，压边力和反顶力设置为上一阶段结束时的参数。重复上一步骤，直到凹模刃口处实际静水应力小于临界静水应力。按照上述方式，在第三阶段仿真完成后，使压边力按照 24kN 幅度递减，反顶力继续增加，依次进行其他阶段仿真，直到结束。

4) 变载参数设计

根据上述变载工艺设计过程，不同冲压阶段获得的静水压应力如表 2-4 所示。

表 2-4 不同冲压阶段获得的静水压应力

阶段/mm	仿真静水应力/ MPa	临界静水应力/ MPa	压边力/ kN	反顶力/ kN
0~0.8	−670	−453	24	24
0.8~1.6	−694	−677	24	24
1.6~2.4	−761	−765	144	120

续表

阶段/mm	仿真静水应力/ MPa	临界静水应力/ MPa	压边力/ kN	反顶力/ kN
2.4～3.2	−770	−716	120	144
3.2～4	−242	−530	96	192

选取二次函数形式进行拟合，可以得到压边力和反顶力的加载函数。

压边力加载函数为

$$y = -21x^2 + 116x - 16 \tag{2-22}$$

反顶力加载函数为

$$y = 4x^2 + 44x - 5 \tag{2-23}$$

在 Deform 有限元软件中，分别将传统精冲仿真中恒定的压边力与反顶力参数设置为与凸模行程有关的函数关系式，函数选择式(2-22)和式(2-23)进行冲压行程的仿真。

冲压行程结束后，仿真结果如图 2-11 所示。可以看出，采用增塑精冲工艺后，凹模刃口附近材料静水应力处在临界静水应力附近，使冲压行程后期的剪切变形区材料的静水压应力得到提高，但是在精冲行程大于 3.5mm 以后，静水压应力逐渐超过临界静水压应力，损伤逐渐累加，从而出现撕裂。从断面质量看，零件剪切面撕裂带高度约为 0.15mm，光亮带占比达到 96%。如果想获得全光亮带，则需进一步提高反顶力。

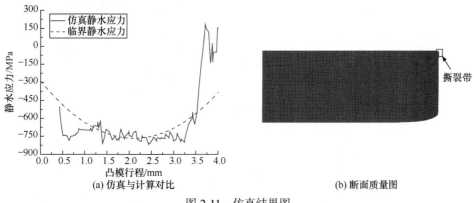

(a) 仿真与计算对比　　　　　　　　　　(b) 断面质量图

图 2-11　仿真结果图

为了验证上述增塑成形理论，对 TC4 钛合金进行了精冲成形实验研究，结果如图 2-12 所示。可以看出，在传统精冲实验中，光亮带不到 50%料厚，撕裂严重，断面质量非常差。采用上述优化的压边力和反顶力加载曲线进行精冲，可以看到，撕裂现象得到极大的改善，光亮带达到 95%，实验结果与仿真结果吻合。

(a) 传统精冲实验结果　　　　　(b) 压边力和反顶力动态调整精冲实验结果

图 2-12　TC4 钛合金精冲成形实验研究结果

2.4　增塑体积成形原理

本节以中厚板挤压成形为例,阐明增塑体积成形基本原理。

对于一些中厚板结构件,常带有法兰、凸台等局部特征。带有局部凸台的中厚板结构件如图 2-13 所示。

局部法兰凸台可以采用挤压成形工艺,但是相对于原材料厚度,局部增厚比可以达到 1∶1 以上,因此在挤压成形过程中,很容易出现材料塑性衰竭,产生撕裂现象。因此,本书基于增塑成形理论[18,19],增加挤压反顶杆,使材料在静水压应力作用下变形,避免材料出现撕裂缺陷。法兰增塑挤压成形原理如图 2-14 所示。

图 2-13　带有局部凸台的中厚板结构件

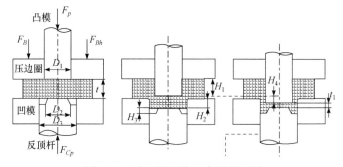

图 2-14　法兰增塑挤压成形原理图

通过有限元仿真可以得到法兰挤压变形过程中变形区材料静水压应力变化，如图 2-15 所示。可以看出，变形区材料在整个变形过程中基本处于静水压应力状态，因此可以极大地提高材料的变形能力，抑制变形过程中裂纹的萌生，获得高表面质量的带有法兰局部特征的中厚板结构件。

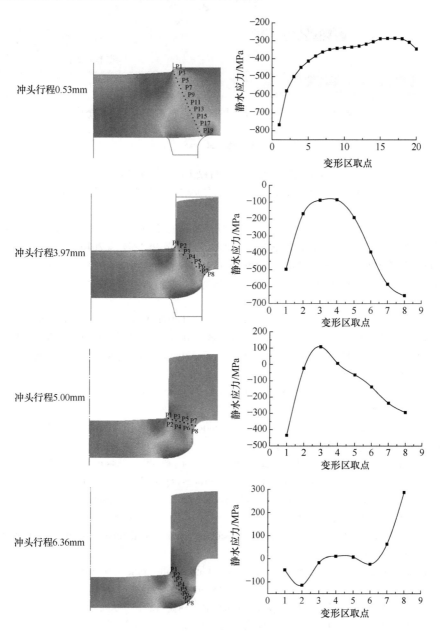

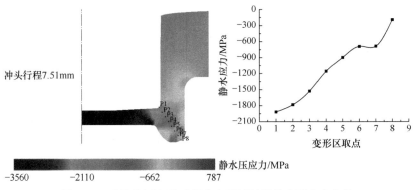

图 2-15　法兰挤压变形过程中变形区材料静水压应力变化

参 考 文 献

[1] 俞汉清, 陈金德. 金属塑性成形原理. 北京: 机械工业出版社, 1999.

[2] 徐勇, 杨湘杰, 杜丹妮. Ti6Al4V 钛合金冷轧板材的超塑性变形行为研究. 热加工工艺, 2018, 47(24): 38-42.

[3] 刘艳雄, 华林. 高强度超声波辅助塑性加工成形研究进展. 塑性工程学报, 2015, 22(4):8-14.

[4] 程涛, 刘艳雄, 华林.超声波振动辅助精冲成形工艺研究. 锻压技术, 2016, 41(4): 25-30.

[5] Liu Y X, Cheng T, Hua L, et al. Research on the effect of ultrasonic vibration on the roll-over during the fine blanking process. Journal of Mechanical Science and Technology, 2017,31 (2): 835-843.

[6] Liu Y X, Suslov S, Han Q Y, et al. Comparison between ultrasonic assisted upsetting and conventional upsetting. Metallurgical and Materials Transactions A, 2013, 44(7): 3232-3244.

[7] Liu Y X, Han Q Y, Hua L, et al. Numerical and experimental investigation of pure copper cone tip upsetting with ultrasonic vibration. Ultrasonics, 2013, 53(3): 803-807.

[8] Liu Y X, Suslov S, Han Q Y, et al. Microstructure of the pure copper produced by upsetting with ultrasonic vibration. Materials Letters, 2012, 67(1): 52-55.

[9] Langenecker B. Effects of ultrasound on deformation characteristics of metals. IEEE Transactions on Sonics and Ultrasonics, 1966, (1): 1-8.

[10] Mousavi S A A A, Feizi H, Madoliat R. Investigations on the effects of ultrasonic vibrations in the extrusion process. Journal of Materials and Processing Technology, 2007, 187-188: 657-661.

[11] Hung J C, Huang C. The influence of ultrasonic-vibration on hot upsetting of aluminum alloy. Ultrasonics, 2005,43:692-698.

[12] Daud Y, Lucas M, Huang Z. Superimposed ultrasonic oscillations in compression tests of aluminum. Ultrasonics, 2006,44:511-515.

[13] Jimma T, Kasuga Y, Iwaki N, et al. An application of ultrasonic vibration to the deep drawing process. Journal of Materials and Processing Technology, 1998,80:406-412.

[14] 牟林, 胡建华. 冲压工艺与模具设计. 北京: 中国林业出版社, 2006.

[15] 涂光祺. 精冲技术. 北京:机械工业出版社, 2006.

[16] 夏琴香, 周立奎, 程秀全, 等. 金属剪切旋压成形时的韧性断裂准则研究. 机械工程学报,

2018, 54(14): 66-73.

[17] Hambli R R. Fracture criteria identification using an inverse technique method and blanking experiment. International Journal of Mechanical Sciences, 2002, 44(7): 1349-1361.

[18] 刘胜林. 板料精冲与挤压复合成形研究. 武汉: 武汉理工大学硕士学位论文, 2007.

[19] Liu Y X, Shu Y W, Chen H, et al. Deformation characteristics analysis of the fineblanking-extrusion flanging process. Procedia Manufacturing, 2020,50:129-133.

第3章 中厚板局部挤压成形

挤压成形是中厚板类结构件典型的成形方式，在中厚板结构件上得到广泛的应用。因此，本章重点分析和研究中厚板的挤压成形工艺，其他的中厚板成形工艺将结合典型零件对象在第7章具体分析。

3.1 挤压变形方式分类

中厚板的挤压变形方式可分为以下3类[1]。

(1) $d/D>1$，挤压变形过程中易出现缩孔，且底端面呈不规则弧形，应合理选择挤压行程和挤压比，设置挤压反顶杆。

(2) $d/D=1$，一般用于半冲孔，挤压行程应小于板厚，否则为冲孔工艺。一般情况下，挤压行程应小于板厚的70%，否则影响凸台的连接刚度；为避免产生裂纹，宜设置挤压反顶杆。

(3) $d/D<1$，应设置挤压反顶杆提供反顶力，以避免产生裂纹和凸台底部外周充填不满等缺陷。

中厚板挤压变形方式如图3-1所示。

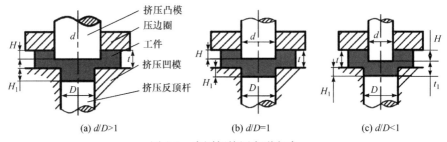

(a) $d/D>1$ (b) $d/D=1$ (c) $d/D<1$

图3-1 中厚板挤压变形方式

当$d/D=1$时，可以近似看为精冲成形。变形机理，以及工艺影响规律与精冲类似，因此本章重点分析研究$d/D>1$和$d/D<1$时的两种成形方式。

3.2 $d/D>1$时挤压变形规律

为了研究$d/D>1$时板料挤压变形，本书建立如图3-2所示的几何模型，采用有限元模拟的方法，在 Deform-3D 中建立有限元模拟模型。材料选用 S35 的板料，料厚 5mm。考虑变形集中在凸模挤压区域，板料直径为 50mm；d 表示挤压凸模的直径，取值 16mm；D 表示凹模型腔的直径，取值 12mm。

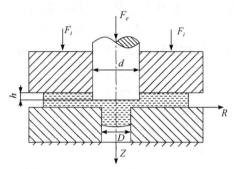

图 3-2　板材挤压模拟几何模型

3.2.1　金属流动分析

　　板料挤压过程中的网格畸变与金属流动图如图 3-3 所示。图 3-3(a)表示挤压凸模下行 1mm，即挤入料厚 20%时的网格畸变与金属流动图；图 3-3 (b)～图 3-3 (e)表示挤入料厚 40%、50%、60%、80%时的情况。每个图有左、右两部分，左边表示金属流动图，右边显示网格畸变图[2]。

　　从网格畸变图可以看到，变形网格仅在凸模直径为周边的柱面范围内，在该区域以外的网格基本没有变形。这表明，材料变形集中于以凸模直径为周边的柱面范围内。在凸模刃口 A 与凹模刃口 B(图 3-3(c))之间，网格变形比其他位置严重，AB 连线方向网格发生扭转并沿该方向伸长，变形尤为剧烈。比较这 5 张图可发现，随着变形的进行，AB 间的网格畸变逐渐加剧。在对称轴与工件表面的交点 O 处附近，网格径向收缩、轴向伸长，表明材料沿径向受压、轴向伸长，同样也随着变形的进行，网格径向收缩和轴向伸长更明显。

　　在金属流动图中，采用矢量方式表示任意时刻变形网格各节点的速度矢量，箭头方向能清楚地显示各时刻金属的流动方向，而箭头的颜色则表明流动速度的大小，在凸模直径区域以外，背离对称轴的流动箭头的数值仅为 0.01mm/s，基本没有材料流动。

　　可以看到，初始状态挤压凸模与板料上表面紧紧接触；随着挤压凸模逐渐下行，中心对称轴与板料上表面的交点 O 率先脱离与凸模的接触；挤压凸模继续下行，板料上表面将以 O 为起点向中心轴两边对称地依次脱离凸模，形成半径、深度均逐渐增大的倒圆锥缩孔。

　　挤压缩孔的形成可以归结为以下原因：凹模孔壁对材料的摩擦力阻碍作用，使金属质点更倾向于选择沿约束较少的中心对称轴附近向下流动。随着变形的进行，凸模与凹模之间的剩余料厚越来越薄，材料流动能力减弱，再加上凹模对金属流动的阻碍作用，不断使凹模孔壁附近金属的轴向流速慢于中心对称轴附近的金属，也使靠近凹模下端面的金属更加难以向中心对称轴横向流动。因此，对称轴附近下部金属流动的空缺不断由其相邻上部的金属向下流来填补，最终在 O 点附近形成缩孔[3-6]。通常情况下，板材的初始厚度小于凸模与凹模口的直径尺寸，而在变形过程中，剩余金属的厚度会变得更小。因此，板材挤压时经常会发生缩孔现象，这是板材挤压工艺的一个显著特征。

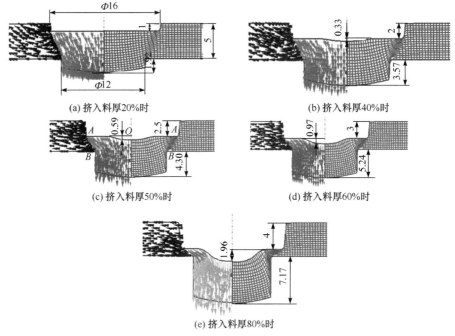

(a) 挤入料厚20%时 (b) 挤入料厚40%时 (c) 挤入料厚50%时 (d) 挤入料厚60%时 (e) 挤入料厚80%时

图 3-3　网格畸变与金属流动图(单位：mm)

3.2.2　金属流动速度场

金属流动轴向速度和径向速度分布场如图 3-4 和图 3-5 所示。

从图 3-4 可以看到，流动速度的径向分量在整个变形区内都为负值。这表明，每个金属质点的轴向流动方向都沿中心对称轴向下，并且绝对值越大，该处金属的轴向速度越快。在远离中心对称轴区域，等值线为零，说明该区域金属没有轴向流动。在金属流动区域内，沿半径向里方向，轴向速度逐渐增快，数值在变形出口区达到最高，轴向流速最快。随着凸模继续压入材料，9 条等值线之间的间隙减小，相互间变得致密。绝对值最大的等值线上移，它所覆盖的区域扩大，并且最大绝对值也增大。这表明，随着凸模下移，变形区内的金属轴向流动速度也逐渐加快。

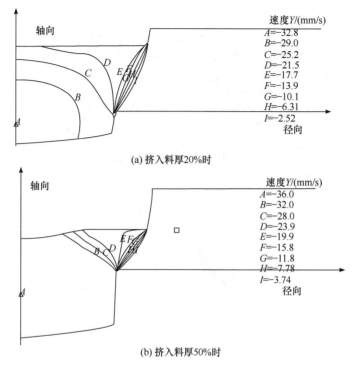

(a) 挤入料厚20%时

(b) 挤入料厚50%时

图 3-4　金属流动轴向速度分布场

　　观察图 3-3，在凸凹模刃口连线(AB 线)左侧的流动速度径向分量等值线均为负值，在连线右侧有稀少正值线。这表明，连线左侧金属质点的径向流动方向都指向中心对称轴，右侧则有极少金属质点背离中心对称轴向外流动。绝对值越大，该处金属的速度越快。在变形区出口外的金属，径向速度为零，表示该区域的金属在径向无流动，只沿轴向流动。

　　观察图 3-5，随着凸模继续压入材料，9 条等值线之间的间隙减小，相互间变得致密，等值线的绝对值增大，而绝对值最小的等值线向上移动。它下面覆盖的区域扩大，表明随着凸模下移，金属质点径向流动区域减小，但该区域的径向速度逐渐增快；越来越多的金属进入凹模型腔，但径向无流动，只沿轴向流动。

　　根据材料流动速度分析，可以对挤压变形区域进行分区。凸模挤入料厚 50%时的金属变形分区图如图 3-6 所示。曲线 1 上的金属轴向速度与挤压凸模的下行速度相等。在这条等值线与中心对称轴之间，轴向速度不断增加，因此该区的金属沿轴向拉长，而该等值线以外的金属沿轴向压缩。

　　当流动的金属穿越曲线 2 时，径向速度最快。越远离此线，径向速度越慢。由于径向速度的这种差异，中心对称轴与此线之间的金属沿径向压缩，此线以外的金属沿径向拉长。

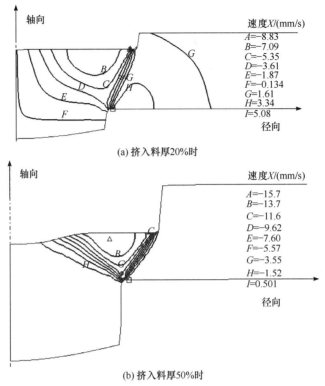

(a) 挤入料厚20%时

(b) 挤入料厚50%时

图3-5 金属流动径向速度分布场

根据不同的变形情况，整个变形区可以分成5个区域。区域Ⅰ是最小等值线右侧区域，该区域基本没有金属流动；区域Ⅱ内的金属径向被拉长、轴向压缩；区域Ⅲ内的金属在径向、轴向均被拉长；区域Ⅳ内的金属径向压缩、轴向被拉长；区域Ⅴ是最小等值线下侧区域，径向基本不流动，仅轴向流动。

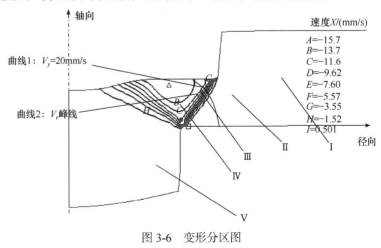

图3-6 变形分区图

3.2.3　等效应变分布

观察图 3-7 可以看出，在凸模外径以外的大部分区域(即最小等值线右侧区域)，等效应变值为零，表明该区域内的金属没有发生塑性变形。等效应变在凸模以下至凹模出口之间具有较高的数值，并在凸模刃口、凹模刃口等部位达到最大，表明金属在这些部位变形剧烈。变形区的等效应变值增加，说明随着挤压凸模逐渐压入材料，变形逐渐加剧。凹模出口处的等效应变值均明显小于凸模和凹模刃口连线区域的等效应变值，表明金属在经过剧烈变形区，流向凹模出口时，等效应变值减小，反映出剧烈变形已成为历史。

取凸模、凹模刃口连线中点，该点等效应变变化曲线如图 3-8 所示。可以看出，随着凸模逐渐挤入材料，该点的等效应变逐渐增大。

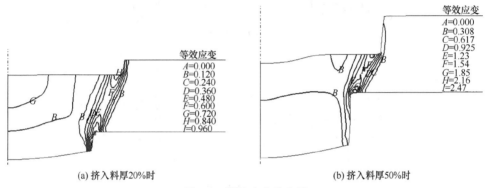

(a) 挤入料厚20%时　　　　　　　　　　　(b) 挤入料厚50%时

图 3-7　等效应变分布场

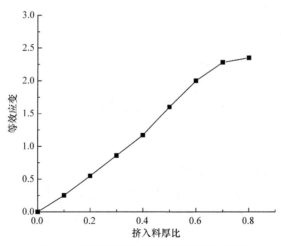

图 3-8　刃口连线中点等效应变变化曲线

3.2.4 等效应力分布

观察图 3-9 可以看出，由于金属在凸模外径以外的区域基本没有塑性变形，主要是弹性变形，因此等效应力值相对较小。在凸模、凹模刃口连线与凹模入口之间的区域内，等效应力值相对较大，超过 700MPa。该区域发生剧烈的塑性变形。在凹模入口下侧，等效应力值快速递减后少量递增。在凹模出口处的等效应力值较小，说明已离开剧烈塑性变形区。

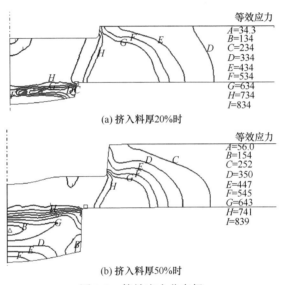

图 3-9　等效应力分布场

3.2.5 挤压速度对成形影响

在模型其他条件不变的情况下，分别设置 V=5mm/s、10mm/s、15mm/s、20mm/s、25mm/s、30mm/s 等 6 种不同的挤压凸模下行速度，进行模拟研究，观察分析挤压速度对材料流入型腔速度和缩孔的影响。

1. 材料流动

根据 6 种挤压速度下的模拟数据，挤压速度对材料流动的影响如图 3-10 所示。随着挤压时间的增大，流入凹模型腔的材料趋于线性增加。当挤压速度从 5～30mm/s 逐渐增大时，材料流入型腔的速度逐渐加快，曲线斜率倒数快速增大。

2. 缩孔大小

不同挤压速度条件下，挤压深度对应材料流入凹模型腔的深度曲线如图 3-11

所示。可以看出，6 条曲线几乎重合，挤压速度虽然变化，但不同挤压深度处对应的材料流入凹模深度不变，挤压速度对流入凹模材料深度没有影响。

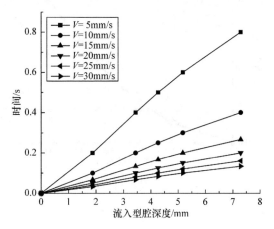

图 3-10　挤压速度对材料流动的影响

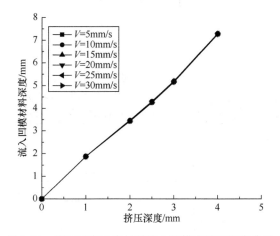

图 3-11　挤压深度对应材料流入凹模型腔的深度曲线

挤压速度对缩孔的影响如图 3-12 所示。可以看出，6 条不同速度下的曲线紧密分布，几乎重合，这表明挤压速度对缩孔深度的影响很小，缩孔深度大小只与挤压深度有关。挤压速度大小关系到相同缩孔深度的形成时间，速度越快，同一缩孔深度的形成时间越短。这 6 条曲线与横坐标的交点在 1.0mm 附近，表示在挤压凸模挤入料厚 1mm 时，才开始出现缩孔。随着挤压深度的增大，缩孔深也增大，曲线的斜率逐渐增大，说明缩孔的形成趋势随挤压的深度逐步加快。

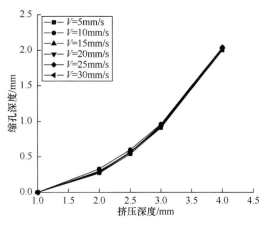

图 3-12　挤压速度对缩孔的影响

3.2.6　挤压比的影响

挤压比是挤压变形程度的一种表示方法，即

$$G = \frac{d^2}{D^2} \tag{3-1}$$

其中，d 和 D 为坯料受挤区域和凹模型腔的直径。

不同的挤压比 G 可用不同的受挤区域与凹模型腔直径表示。下面对表 3-1 所示的挤压比进行研究，比较分析挤压比对网格畸变与金属流动、等效应变、等效应力和缩孔产生的影响。

表 3-1　模拟用挤压比

d/mm	16	16	16	16
D/mm	14	12	10	8
G	64/49	16/9	64/25	4

挤压比对网格畸变与金属流动的影响如图 3-13 所示，表示不同挤压比、挤压凸模挤入料厚 50%情况下的网格畸变与金属流动图。每个图有左、右两部分，左边为金属流动图，右边为网格畸变图。

可以看到，当挤压比变化时，变形网格始终在凸模直径为周边的柱面范围内，凸模、凹模刃口连线区域网格畸变最为剧烈，凹模型腔内的网格变形很小，凸模直径边界以外区域网格没有变形。挤压比越大，网格畸变程度越剧烈，区域扩大。

在对称轴与工件上表面的交点附近，网格径向收缩、轴向伸长，网格畸变沿

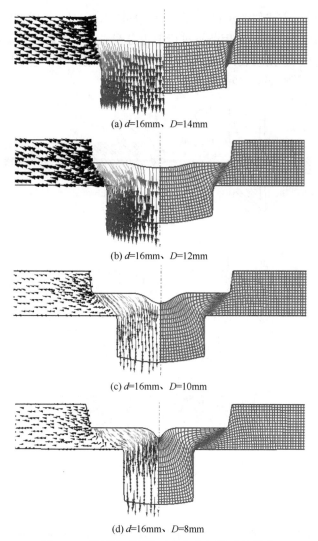

(a) d=16mm、D=14mm

(b) d=16mm、D=12mm

(c) d=16mm、D=10mm

(d) d=16mm、D=8mm

图 3-13　挤压比对网格畸变与金属流动的影响

对称轴成扇形分布，逐次向下展开。挤压比越大，这种分布越明显，导致缩孔直径减小，深度增大。原因是挤压比增大时，板料变形程度增大，当变形区的料厚减小时，中心层的金属流动加快，外层流动远小于中心层，形成深缩孔。

3.3　d/D<1 时的挤压变形规律

当 d/D<1 时，基于增塑成形原理进行挤压变形，可以挤压成形带有法兰特征的中厚板结构件。

传统法兰成形方式如图 3-14 所示。首先冲压出一定尺寸的圆孔(冲孔尺寸小于最终法兰内径尺寸)，然后采用凸模进行翻边得到法兰[7-9]。该工艺工序多，材料利用率低，并且法兰塌角较大，易出现撕裂及端部不平整等缺陷(图 3-15)，因此需要后续机加工将不平整端面去除。

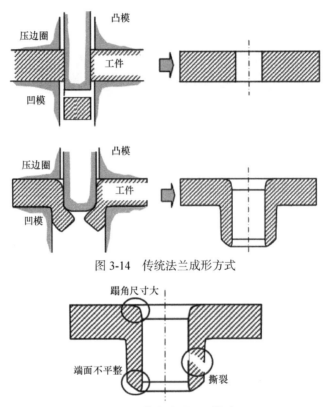

图 3-14　传统法兰成形方式

图 3-15　传统成形法兰缺陷

增塑挤压成形法兰原理如图 3-16 所示[10,11]。将工件放在模具上并用压边力 F_b 压紧压边圈。挤压凸模往下挤压坯料，坯料往凹模型腔中流动。挤压反顶杆以一定的反顶力 F_c 顶住材料，并随着挤压凸模的运动往下运动。当挤压凸模往下运动到设定距离 H_1 时，限制挤压反顶杆的运动，挤压凸模继续下行，下行距离为 H_4，至此板料完全充满型腔。最后冲压掉内孔连皮获得板类法兰零件。当凸模向下运动到 H_1 行程时，这是第一阶段行程。当挤压反顶杆保持固定，挤压凸模继续向下移动 H_4 行程时，这是第二阶段行程。

为了便于研究，先设定挤压凸模直径为 D_1，工件厚度为 t，第一阶段凸模行程为 H_1，反顶杆下移距离为 H_2，第二阶段凸模下移距离为 H_4，冲压力为 F_p，压

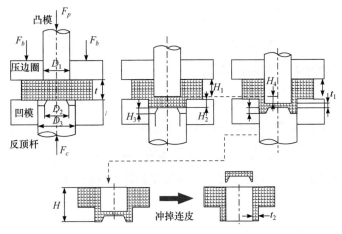

图 3-16　增塑挤压成形法兰原理

边力为 F_b，反顶力为 F_c。挤压反顶杆尺寸内径为 D_2，外径为 D_3，圆角半径为 R，凸台高度为 H_3，凸台拔模角度为 θ，得到的法兰总高度为 H，冲孔连皮厚度为 t_1，法兰壁厚为 t_2。

在增塑冲挤成形工艺过程中，凸模向下移动的距离 H_1 和 H_4 需要确定，具体计算过程如下。由凸模行程 H_1 挤出的材料体积 V_1 为

$$V_1 = \frac{1}{4}\pi D_1^2 H_1 \tag{3-2}$$

基于体积恒定的原理，材料体积流入模腔 V_2 为

$$V_2 = V_1 = \frac{1}{4}\pi D_3^2 H_2 \tag{3-3}$$

所以

$$H_2 = (D_1 / D_3)^2 H_1 \tag{3-4}$$

在挤压过程中，凸模行程距离 H_4 取决于凸台高度 H_3，并且可以表示为

$$H_4 = \frac{D_3^2 H_3 - \frac{1}{3}H_3(3D_2^2 - 6H_3 D_2 \tan\theta + 4H_3^2 \tan^2\theta)}{D_1^2} \tag{3-5}$$

其中，θ 为小于 15°的拔模角度。

因此，$\tan2\theta$ 接近于零，式(3-5)可以简化为

$$H_4 = \frac{D_3^2 H_3 - (D_2^2 - 2H_3 D_2 \tan\theta)H_3}{D_1^2} \tag{3-6}$$

法兰 H 的总高度可以通过下式获得，即

$$H = t + H_2 + H_3 = t + (D_1 / D_3)^2 H_1 + H_3 \tag{3-7}$$

由此可以得到凸模第一阶段位移 H_1，即

$$H_1 = (H - H_3 - t)(D_3 / D_1)^2 \tag{3-8}$$

如果设冲孔连皮厚度为 t_1，那么工件材料的厚度为 t，可得

$$t_1 = t + H_2 - H_1 - H_4 \tag{3-9}$$

因此，影响法兰总高度 H 的关键因素主要是板厚 t、凸模第一阶段行程 H_1，以及凸台高度为 H_3。

3.3.1 材料流动与损伤分布规律

为揭示法兰在挤压成形过程中的变形规律，以 4mm 厚的板料为研究对象，设成形法兰模具挤压凸模直径 D_1=12mm，挤压反顶杆尺寸内径 D_2=12mm，外径 D_3=15.7mm，凸台高度 H_3=1.5mm。

4mm 厚的板料在挤压成形过程中金属流动规律和损伤分布如表 3-2 所示。其中 H_1 表示第一阶段凸模挤压极限行程，即挤压过程中最大损伤值小于 0.45 且不出现颈缩等缺陷时的凸模最大行程。20%H_1 表示凸模行程为最大凸模行程 H_1 值的 20%。依此类推，分别为从 20%～120%凸模行程的结果。之后为第二阶段模拟结果，即凸模到达最大 H_1 行程后反顶杆保持不动，凸模继续下行挤压凸台的模拟结果[12]。

对法兰成形中材料流动速度分析，在成形第一阶段凸模行程由 0%～120%H_1 的过程中，金属流动速度较快区域主要为冲头底部和法兰的侧壁。冲头底部材料流动垂直方向的速度为凸模运动速度。水平方向主要是材料从冲头底部往法兰侧壁区域流动。法兰侧壁区域即材料剪切变形区域，在 0%～40%H_1 阶段，材料往压边圈区域流动。当冲头行程超过 40%H_1 后，压边圈区域材料往法兰侧壁流动，从而补充冲头下行造成的缺料现象。挤压过程主要是冲头将底部的材料挤压到反顶杆凹槽形成 H_3 部分的凸台。

如表 3-2 所示，第一阶段损伤数值较小，随着凸模行程增加，在凸模圆角处损伤数值不断增大，在100%H_1 时达到最大安全值0.45。在凸模继续下行到120%H_1 时，损伤值达到 0.58，表明在该处成形时发生损伤的可能性最大。这与实际成形过程相符，挤压过程中的颈缩缺陷如图 3-17 所示。

在第二阶段挤压成形中，靠近凹模一侧的工件损伤数值不断增大。在到达

表 3-2　挤压成形过程中金属流动规律和损伤分布(t=4mm)

凸模行程	状态变量	
	损伤分布	金属流动规律
20%H_1	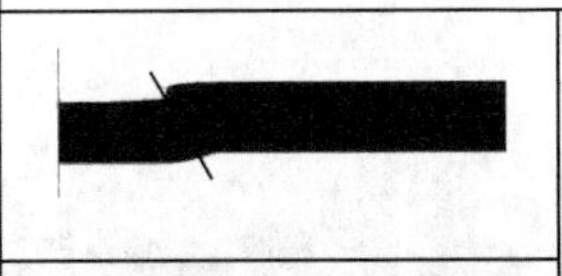	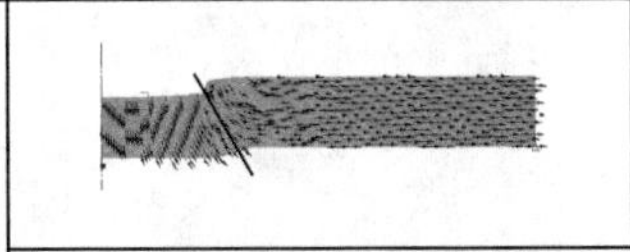
40%H_1	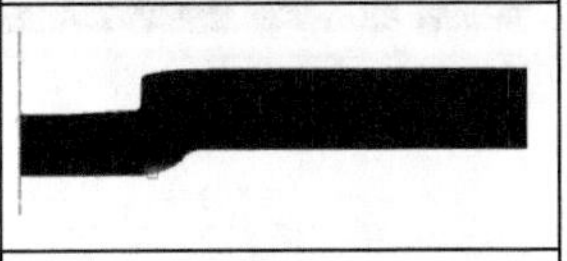	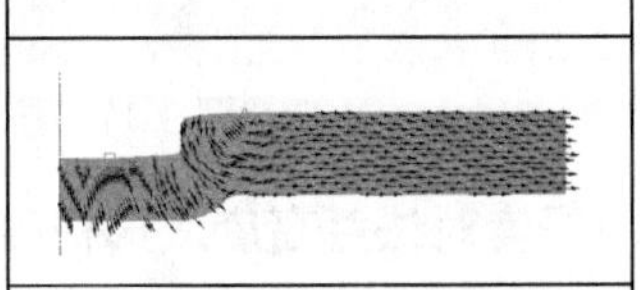
60%H_1		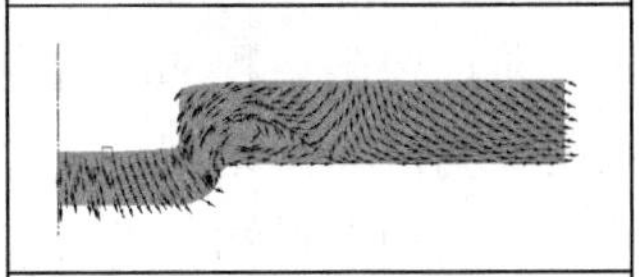
80%H_1		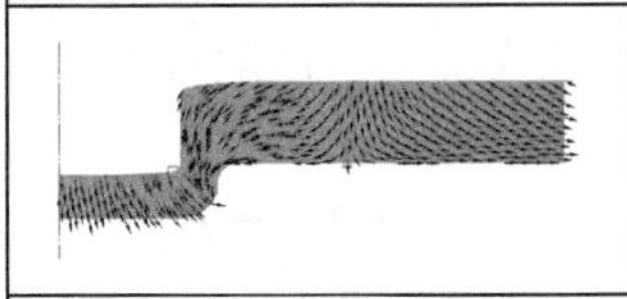
100%H_1		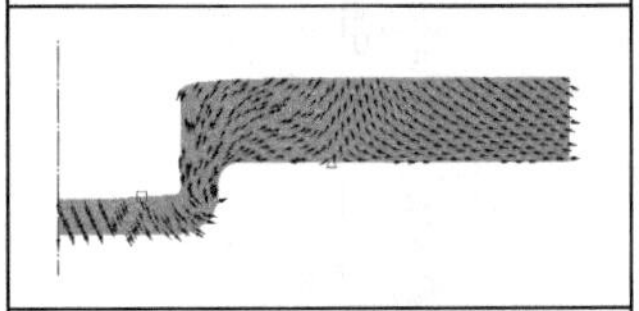
120%H_1	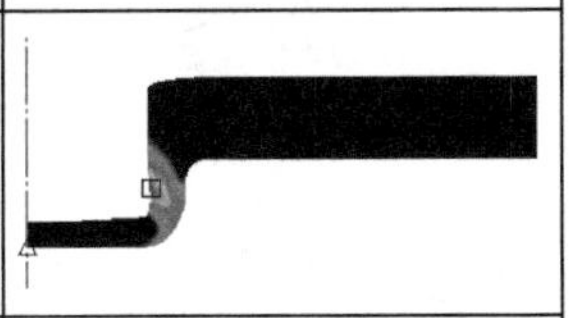	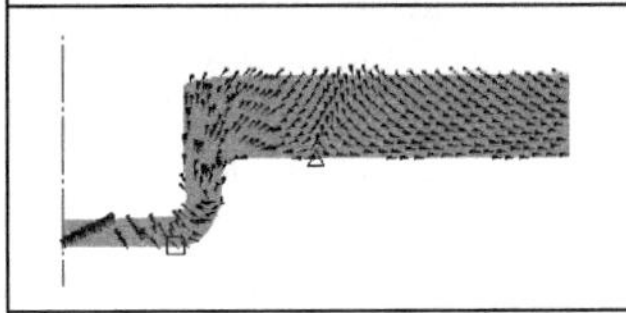
100%H_1, 50%H_3		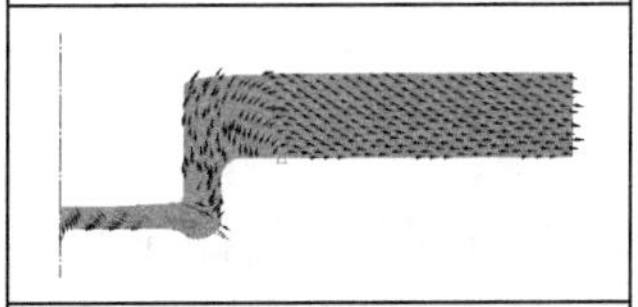
100%H_1, 100%H_3	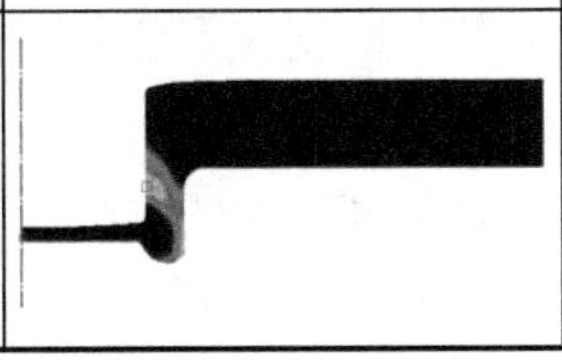	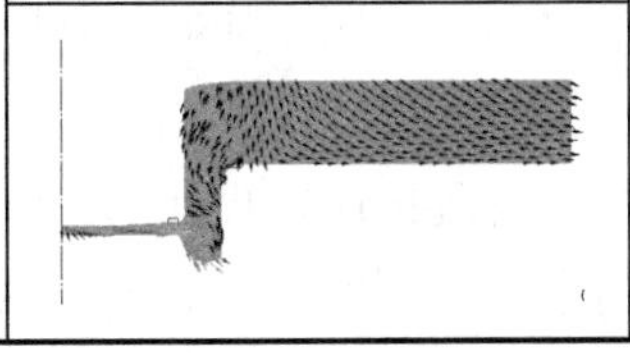

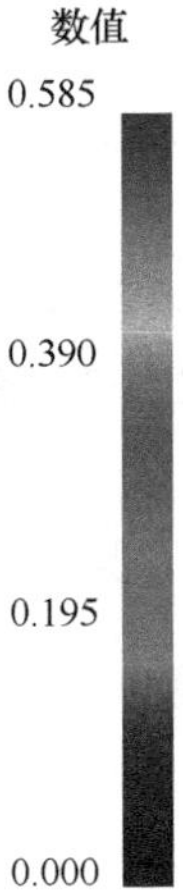

数值
0.585
0.390
0.195
0.000

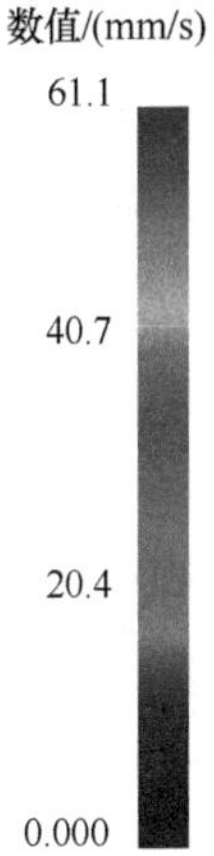

数值/(mm/s)
61.1
40.7
20.4
0.000

100%H_3 时，损伤数值到达安全极限值 0.45，继续挤压工件在此侧出现损伤风险增加。

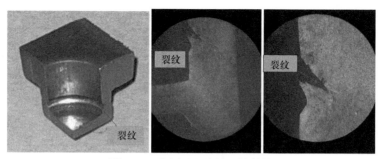

图 3-17 挤压过程中的颈缩缺陷

3.3.2 板料厚度对法兰高度成形极限影响

凸模第一阶段极限行程和凸台高度与金属板厚关系如图 3-18 所示。第一阶段的凸模极限行程为凸模运动到一定行程时损伤数值达到 0.45 且工件未出现缩孔、撕裂等损伤形式。由此可知，随着板厚增加，凸模极限行程呈线性增加，并且凸模极限行程约为板料厚度的 1.5 倍。改变板材厚度对增加凸模第一阶段极限行程的影响较大。

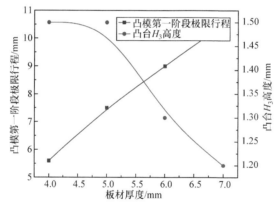

图 3-18 凸模第一阶段极限行程和凸台高度与金属板厚关系

凸模第二阶段行程后，即成形完毕后损伤达到极限值的凸台 H_3 最大允许高度与金属板厚之间关系图。随着板材厚度的增加，凸台高度先不变后减小，变化幅度较小，由 1.5mm 减小到 1.2mm。

凸模第一阶段挤压行程和第二阶段挤压行程之和即法兰的总高度。最终凸台成形高度与金属板厚的关系如图 3-19 所示。随着板材厚度的增加，工件总高度 H 增加，约为板料厚度的 2.2 倍。

3.3.3 法兰壁厚对法兰成形高度极限影响

针对 4mm 厚的板径向尺寸对成形规律的影响，首先研究法兰外径的影响，保

证法兰内径 D_1 不变，改变法兰外径 D_3，分析不同 D_3 下 H_1 的变化规律。如表 3-3 所示，D_1 尺寸为 12mm，D_3 从 14.5mm 增加到 16.6mm，D_2=12mm，H_3=1.5mm，法兰壁厚从 1.25 mm 增加到 2.3mm。

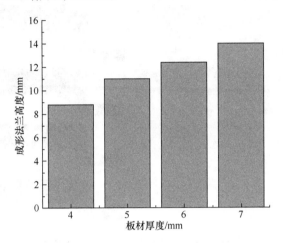

图 3-19　最终凸台成形高度与金属板厚的关系

表 3-3　法兰内径 D_1 和法兰外径 D_3 参数

参数	编号				
	1	2	3	4	5
D_1/mm	12	12	12	12	12
D_3/mm	14.5	15.1	15.7	16	16.6
壁厚 t_2/mm	1.25	1.55	1.85	2.00	2.3

　　第一阶段凸模达到下行极限值时，工件外形和损伤数值如表 3-4 所示。在 D_1 尺寸不改变的前提下增大 D_3 尺寸，凸模上行 H_1 距离不断减少。当 D_3=16mm 与 D_3=16.6mm 时，壁厚过大，即反顶杆凸起与凹模侧壁之间距离增大，使模具型腔难以填充饱满，出现缺料的缺陷。

　　对于损伤分布，随着反顶杆外径 D_3 的增大，到达安全损伤数值的凸模行程减小。在 D_3=16mm 与 D_3=16.6mm 时，由于壁厚过大，工件尚未挤压形成良好侧壁时会产生较大损伤数值，影响凸模的最大极限行程，最终导致挤压形成工件总高度降低。

表 3-4　工件外形和损伤数值

尺寸数据/mm	状态变量		数值
	工件外形	损伤分布	

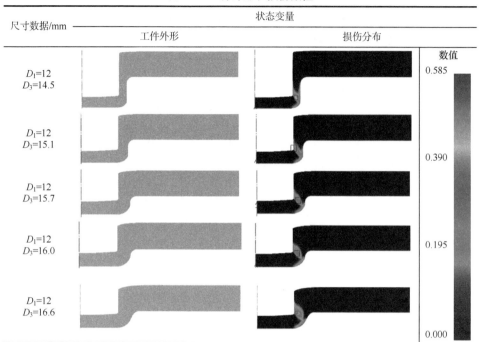

尺寸数据	
$D_1=12$ $D_3=14.5$	
$D_1=12$ $D_3=15.1$	
$D_1=12$ $D_3=15.7$	
$D_1=12$ $D_3=16.0$	
$D_1=12$ $D_3=16.6$	

0.585
0.390
0.195
0.000

为了进一步揭示壁厚过大时的成形缺陷，凸模达到成形极限后继续下行，可以得到零件的成形情况和损伤分布。壁厚过大时出现颈缩和填充不满缺陷如图 3-20 所示。可以看出，法兰的内壁会出现颈缩，端部出现填充不饱满的缺陷。这是由于壁厚过大，随着冲压行程增加，法兰内壁处于拉应力状态，从而导致缺陷产生。

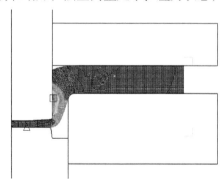

图 3-20　壁厚过大时出现颈缩和填充不满缺陷

板厚为 4mm，法兰内径由 12mm 增大至 40mm 时，凸模行程与法兰壁厚的关系如图 3-21 所示。D_1 为 12mm 时，随着法兰壁厚增加，极限行程数值 H_1 快速减小。当 $D_1=15$mm 时，随着法兰壁厚增加，极限行程数值 H_1 先增加后减小；当

D_1 为 19mm、30mm 和 40mm 时，极限行程数值 H_1 随着法兰壁厚的增加而增加。因此，在法兰内径确定时，存在最优的法兰壁厚，从而获得最大法兰极限高度。另外，随着法兰内径(D_1)的增加，能成形获得的法兰极限高度减小，当内径超过19mm 时，减小趋势降低。这是由于随着冲头直径增加，位于冲头底部的材料流入法兰侧壁难度增大，因此法兰的极限成形高度减小。对于任意法兰内径，法兰的侧壁厚度太小，一方面材料难以流入，另一方面材料在变形过程中受到的等效应力过大，会使该处发生损伤的可能性大大增加。通常材料表现为撕裂形式，从而极限成形高度小。法兰侧壁过大时，凸模底部的材料水平方向流入法兰的侧壁难以填充满模具型腔，造成缺料和颈缩等缺陷，也不能获得大的极限成形高度。因此，存在一个最优的法兰壁厚，从而获得最大法兰极限高度。

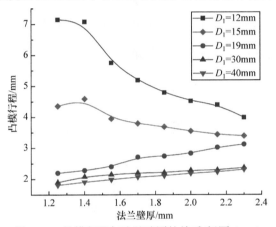

图 3-21　凸模行程与法兰壁厚的关系(板厚 4mm)

　　板料厚度为 5、6、7mm 时，凸模第一阶段极限行程与法兰壁厚的关系如图 3-22 所示。可以看出，其变化规律与板厚为 4mm 时类似。随着板料厚度的增加，可成形的法兰极限高度增加。

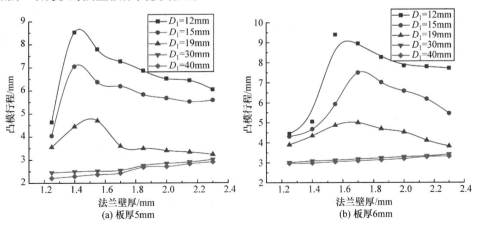

(a) 板厚5mm
(b) 板厚6mm

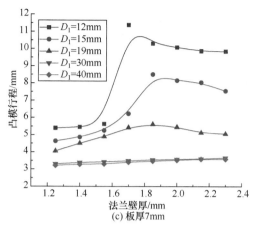

(c) 板厚7mm

图 3-22　凸模第一阶段极限行程与法兰壁厚的关系

3.3.4　凸模直径对法兰成形高度极限影响

本节研究凸模第一阶段极限行程与凸模直径的关系，如图 3-23 所示。可以看

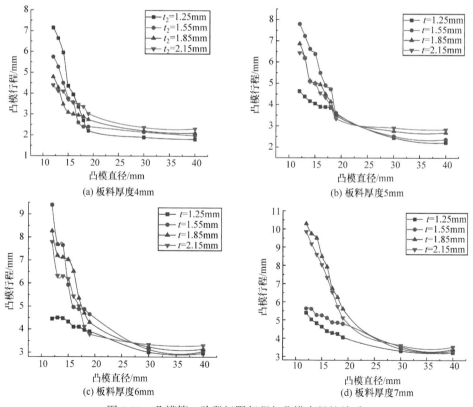

图 3-23　凸模第一阶段极限行程与凸模直径的关系

出，无论板料厚度如何变化，凸模第一阶段极限行程随着凸模直径的增加首先快速减小，当直径超过 20mm 后缓慢减小，当凸模直径超过 30mm 后，凸模第一阶段极限行程基本不发生变化。在一定壁厚情况下，冲头直径越大，冲头底部材料往侧壁流动越困难，因此成形高度降低。

3.3.5　板材厚度对法兰成形高度极限影响

为了直观揭示板料厚度对第一阶段极限凸模行程的影响，将板厚设计为变量，不同板材厚度下第一阶段凸模行程与法兰壁厚的关系如图 3-24 所示。当凸模直径小于 20mm 时，随着法兰壁厚的增加，无论对于哪一种板料厚度，凸模极限行程 H_1 先逐渐增加，达到最大值后再减小。不同的板料厚度下，上述变化趋势相同，但是最大极限行程随壁厚增大而增大，并且对应的壁厚数值不断右移。当凸模直径超过 30mm 以后，壁厚与凸模直径之比很小，凸模极限行程随法兰壁厚的增加而单调增加。这表明，4、5、6、7mm 板厚最优壁厚均大于 2.4mm。板材厚度越大，对应的曲线数值越大。

不同板材厚度下第一阶段凸模行程与凸模直径的关系如图 3-25 所示。对于任意板料板厚，随着凸模直径增大，第一阶段凸模极限行程减小。当凸模直径小于 20mm 时，凸模极限行程快速减小；当凸模直径大于 40mm 时，凸模极限行程减小趋势非常缓慢。对于不同壁厚，第一阶段凸模行程与法兰壁厚变化规律相同。板厚越大，对应的凸模极限行程曲线越大。壁厚为 1.25mm 时，在凸模直径区间（10～15mm）4mm 板厚的极限行程最大，表明最优凸模直径为10～15mm。同理，在 1.55mm 壁厚中，6mm 板厚 1.25mm 壁厚对于最优凸模直径也为 10～15mm。

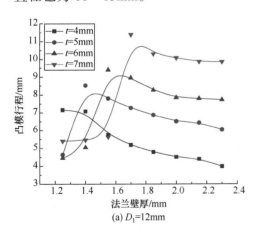

(a) D_1=12mm

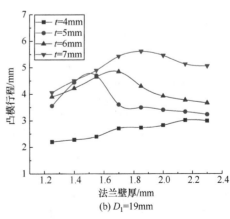

(b) D_1=19mm

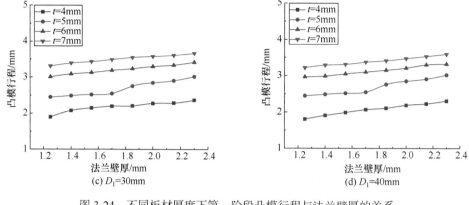

图 3-24　不同板材厚度下第一阶段凸模行程与法兰壁厚的关系

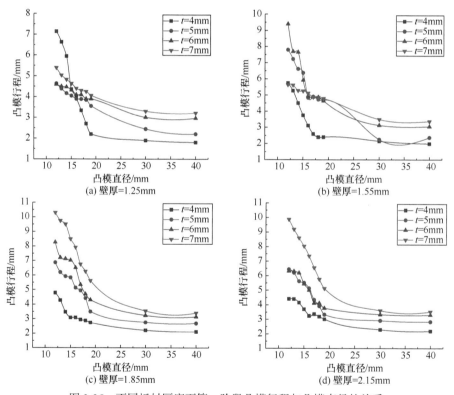

图 3-25　不同板材厚度下第一阶段凸模行程与凸模直径的关系

参 考 文 献

[1] 华林, 刘艳雄, 周林, 等. GB/T 37679-2019 金属板料精冲挤压复合成形件工艺规范. 北京: 中国国家标准化管理委员会, 2019.

[2] 刘胜林. 板料精冲与挤压复合成形研究. 武汉: 武汉理工大学硕士学位论文, 2007.

[3] Sluzalec A. An analysis of dead zones in the process of direct extrusion through single-hole flat die. Communications in Applied Numerical Methods,1991,7:281-287.

[4] Reddy N V, Dixit P M, Lai G K. Central bursting and optimal die profile for axis-symmetric extrusion. Journal of Manufacturing Science and Engineering, 1996, 118: 579-584.

[5] Zheng P F, Chan L C, Lee T C. Numerical analysis of the sheet metal extrusion process. Finite Element in Analysis and Design,2005,42(3):189-207.

[6] 郑鹏飞,李荣洪,赵彦启,等. 应用改进的大变形应变分析方法分析精冲挤压复合工艺. 中国机械工程,2004,15(22):2044-2047.

[7] Huang Y, Chien K H. The formability limitation of the hole-flanging process. Journal of Materials Processing Technology, 2001,117:43-51.

[8] Huang Y, Chien K. Influence of the punch profile on the limitation of formability in the hole-flanging process. Journal of Materials Processing Technology, 2001,113:720-724.

[9] Thipprakmas S, Jin M, Murakawa M. Study on flanged shapes in fineblanked-hole flanging process (FB-hole flanging process) using finite element method (FEM). Journal of Materials Processing Technology, 2007,192-193:128-133.

[10] Cao C H, Hua L, Liu S L. Flange forming with combined blanking and extrusion process on sheet metals by FEM and experiments. The International Journal of Advanced Manufacture Technology, 2009,45(3-4):234-244.

[11] Liu Y X, Shu Y W, Chen H, et al. Deformation characteristics analysis of the fineblanking-extrusion flanging process. Procedia Manufacturing, 2020,50:129-133.

[12] 张作为. 中厚板法兰挤压成形规律研究. 武汉: 武汉理工大学硕士学位论文, 2019.

第4章　精冲整体分离成形

精冲整体落料作为复合精冲关键的工步之一，其工艺设计直接决定了复合精冲零件的质量高低。精冲落料不仅影响复合精冲件的光亮带的比例、塌角尺寸的大小，还影响体积成形获得的局部特征。本章首先深入研究精冲变形机理[1]，为了实现全光亮带精冲，减小塌角尺寸，还重点研究小无塌角精冲和旋转精冲成形技术[2,3]，突破传统精冲直线运动局限，实现斜齿圆柱齿轮旋转精冲[4-8]。

4.1　精冲变形机理

精冲是在冲压力 F_p、压边力 F_{bh} 和反顶力 F_{cp} 的共同作用下，使变形区的材料处于三向静水压应力状态下发生纯剪切塑性变形。通过一次精冲成形即可获得高尺寸精度与高断面质量的精冲件。

为了揭示精冲成形机理，本书以典型的齿轮精冲为研究对象，采用实验与有限元模拟相结合的方法进行研究。直齿圆柱齿轮的外观示意图如图 4-1 所示。齿轮材料为 Q235B，零件厚度为 7mm，齿顶圆直径为 160mm，齿根圆直径为 142mm，齿轮齿数为 38，模数为 4mm。

为了更全面地揭示精冲齿轮轮齿各个区域断面的微观组织演变规律，采用如表 4-1 所示的方式取样。表中箭头所指的方向表示研究者观察的方向。其中，1号试样、2号试样、3号试样、4号试样均是沿着轮齿周向取样(横截面)，即沿着轮齿径向呈一定距离排列。其具体的取样位置如下，以精冲齿轮轮齿的齿顶处为基准，这四个试样距离此基准的位置依次为 1 截面(即轮齿根部)、2/3 截面、1/2

图 4-1　直齿圆柱齿轮的外观示意图

截面、1/4 截面。5 号试样是沿着轮齿径向取样(过轮齿齿顶的纵剖面)，所有的试样均是切断面，即所观察的面。在确定上述取样方式之后，对试样的微观组织演变规律进行深入的研究，主要包括组织形貌、晶粒分布，以及显微硬度的分析。

表 4-1　金相试样的取样

试样编号	切样方式	试样
1		
2		
3		
4		
5		

4.1.1　精冲断面微观组织分布规律

　　材料发生塑性变形后，其宏观性能的改变通常都是由于微观组织发生了改变，而微观组织的改变主要包括两类。第一类是材料的组织发生了相变，第二类是材料的晶粒发生变形(包括形状和尺寸上的变化)。本节从上述两个方面探究精冲直齿圆柱齿轮断面微观组织的分布规律。

1. 组织形貌分布规律

对于精冲直齿圆柱齿轮，其剪切断面没有出现断裂带，即该齿轮的剪切断面包含塌角区、光亮带区、毛刺区三个部分。经过适当的磨抛处理和化学腐蚀之后，在光学显微镜下对 5 号试样进行观察，组织形貌分布如表 4-2 所示。此外，精冲直齿圆柱齿轮坯料的组织形貌如图 4-2 所示。可以看到，该材料的室温组织为铁素体和珠光体。

表 4-2　5 号试样的组织形貌

编号	试样示意图	组织形貌分布
5	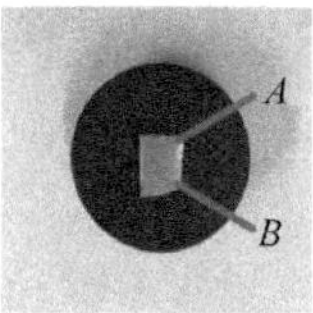	 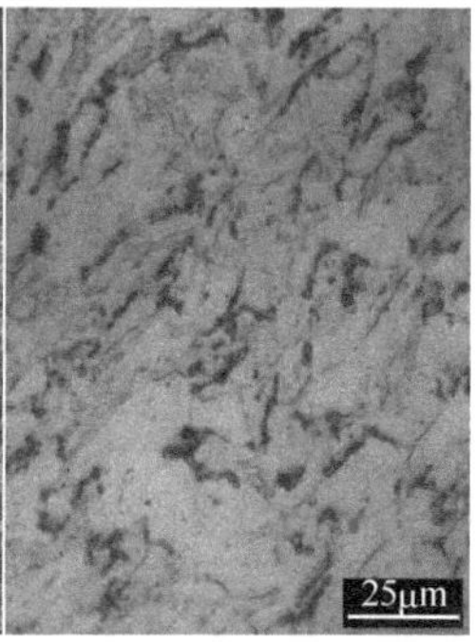 (a) 区域 A 处的组织形貌(200倍)　(b) 区域 A 处的组织形貌(1000倍) 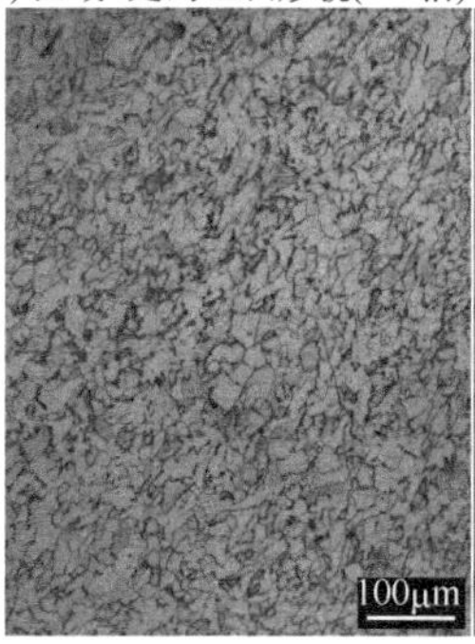 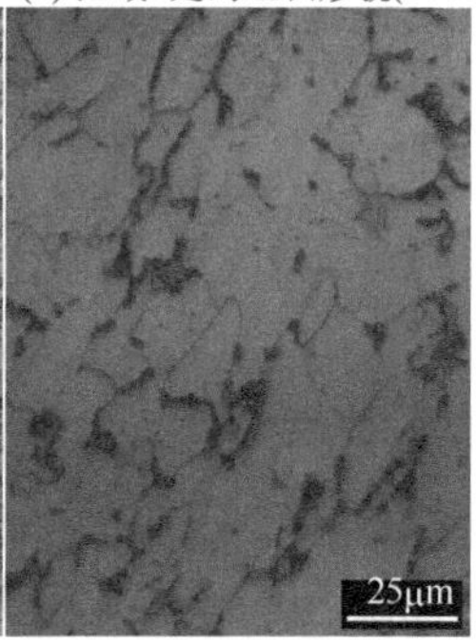 (c) 区域 B 处的组织形貌(200倍)　(d) 区域 B 处的组织形貌(1000倍)

通过观察轮齿纵剖面的金相图片，特别是区域 A(毛刺侧)、区域 B(塌角侧)及其连线附近区域(线段 AB 代表精冲剪切带)，可以发现其显微组织的分布具有明显的方向性，从塌角侧向毛刺侧延伸。该方向即精冲成形过程中剪切应力的方向。继续观察该图中放大倍数为 1000 倍时的金相照片可以发现，区域 A 处的基体组

织相较于区域 *B* 处颜色更深，并且组织的分界相较于区域 *B* 处更为模糊，难以分辨。

图 4-2　精冲直齿圆柱齿轮坯料的原始组织形貌(200 倍)

　　为了进一步深入分析剪切区与非剪切区的显微组织分布规律及其缘由，使用扫描电子显微镜(scanning electron microscope，SEM)对 5 号试样相应区域的组织进行观测，结果如图 4-3 所示。

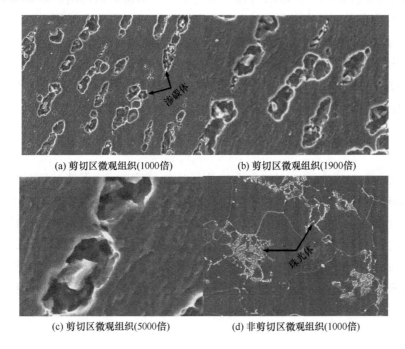

(a) 剪切区微观组织(1000倍)　　　　(b) 剪切区微观组织(1900倍)

(c) 剪切区微观组织(5000倍)　　　　(d) 非剪切区微观组织(1000倍)

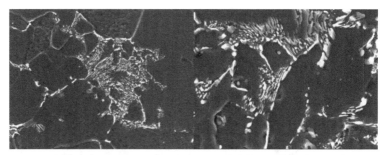

(e) 非剪切区微观组织(1900倍)　　　　　　(f) 非剪切区微观组织(5000倍)

图 4-3　5 号试样的 SEM 金相照片

上述金相照片显示，精冲完成后齿轮的相组成依然为铁素体和珠光体，与图 4-2 呈现的坯料原始组织的相组成一致。也就是说，在直齿圆柱齿轮精冲成形的过程中，材料的显微组织并没有发生相变。然而，上述金相照片也表明，在此过程中，材料的相成分发生了形态和分布上的变化。从图 4-3(a)～图 4-3(c) 可以看到，剪切区的相均沿着剪切方向呈极强的取向性分布。在该图中亦能看到亚结构的形成，说明剪切区内发生了非常强烈的塑性变形。从图 4-3(d)～图 4-3(f)可以看到，非剪切区内珠光体的层片状结构。这说明，随着精冲成形过程的不断进行，在剪切应力的作用下，坯料中原本以珠光体组成部分的形式而存在的渗碳体在非剪切区内仍然保持不变(即能观察到珠光体结构)，但是在剪切区内却不再作为珠光体的一部分(即无法观察到珠光体结构)，而是沿着剪切方向逐渐向模具刃口(即区域 A 处)聚集。这便很好地解释了区域 A 处与区域 B 处相比其基体组织的颜色更深，并且组织的分界相对更难以分辨。

2. 晶粒形态分布规律

材料的相组成在精冲完成之后并没有发生改变，仍然保持与坯料相同，因此后续研究主要围绕材料晶粒的变化开展。在精冲成形的过程中，位于剪切区内部的金属材料会发生剧烈的局部大塑性变形，从而导致该区域的晶粒发生很大的变化。1 号试样和 5 号试样经过适当的处理之后，被用于观察直齿圆柱齿轮精冲完成后不同剪切断面上的晶粒形态特征。通过对其进行观察，1、5 号试样的组织形貌分布如表 4-3 所示。精冲直齿圆柱齿轮坯料的原始晶粒形貌如图 4-4 所示。

表 4-3 1、5 号试样的组织形貌分布

编号	试样示意图	晶粒形态分布	
		25 倍	500 倍

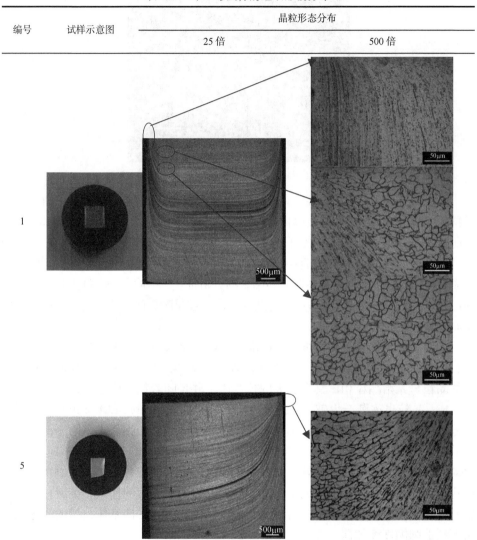

通过观察分析可知，该直齿圆柱齿轮精冲成形后，轮齿的截面及纵剖面上均有非常清晰的金属流线形成。该流线沿着金属剪切的方向延伸，部分原本趋于等轴的晶粒也沿着该方向被逐渐拉长。由于剪切区内发生剧烈的局部大塑性变形，晶粒甚至出现因过度拉长变形，晶粒破碎、产生亚晶的现象。剪切区内晶粒的变形程度与其距离剪切断面的距离成反比，剪切断面处晶粒的变形最为剧烈。随着不断地远离剪切断面，晶粒的形态逐渐趋向于最原始的等轴状态。这表明，精冲成形产生的塑形变形主要集中在剪切区域内。

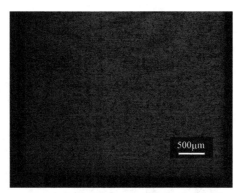

图 4-4　精冲直齿圆柱齿轮坯料的原始晶粒形貌(25 倍)

由表 4-3 还可知,原本相互平行的金属流线每一条都沿着剪切方向一直延伸到模具的刃口边缘。这说明,金属材料在精冲成形的过程中始终保持一个整体,受到彼此的制约,直至最终成形结束之际在模具的刃口处发生韧性断裂而彼此分离(形成工件或者废料),此前一直保持着连贯的金属流线也因此被切断,在剪切断面上形成断裂带或者毛刺区。上述对实验结果的分析证实,精冲是一个纯剪切的塑性成形过程[9]。这与精冲技术的理论描述及其成形原理是吻合的,同时揭示了精冲零件断面质量优良的根本原因。

此外,为了深入地探究被拉长的晶粒,以及金属流线的更多细节,依然选用 SEM 拍摄其在更高放大倍数下的金相图片。如图 4-5 所示,可以清晰地看到被拉长的晶粒与原始晶粒相比具有更大的长宽比,并且随着精冲成形过程中金属流线的形成,晶粒也逐渐产生破碎。结合图 4-3 和图 4-5 得到的 SEM 金相照片进行综合分析可以发现,随着凸模的不断下行,剪切区内原本作为珠光体的一部分而存在的渗碳体将会跟随金属流线的延伸而沿着相同的方向(即剪切应力方向)做同步运动,慢慢地向模具的刃口处聚集,并最终沿着金属流线分布而不再以珠光体的形式存在。换言之,在精冲成形的过程中,由于剪切应力的作用,金属材料会发生变形而产生流线,渗碳体沿着该流线的运动导致剪切区内基体组织的颜色从塌角侧到毛刺侧逐渐加深。

4.1.2　精冲断面显微硬度分布规律

金属材料发生塑性变形之后,其内部结构的变化也会引发力学性能的改变。本节采用维氏硬度计研究精冲直齿圆柱齿轮断面的显微硬度分布规律,并且等距离取点测量。取点示意图如图 4-6 所示。测试条件为加载 200g 并保压 15s。为了便于后续分析和阐述,约定分布于同一条流线上的金属材料是处于同一层的材料。显微硬度分布如图 4-7 所示。

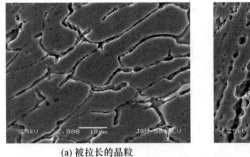 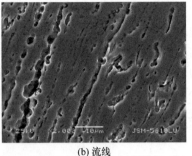

(a) 被拉长的晶粒　　　　　　　　　　　(b) 流线

图 4-5　晶粒和流线的 SEM 照片(2000 倍)

图 4-6　取点示意图

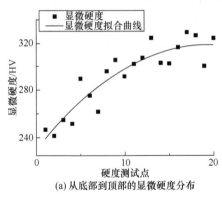 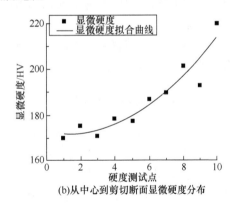

(a) 从底部到顶部的显微硬度分布　　　　　(b)从中心到剪切断面显微硬度分布

图 4-7　显微硬度分布

　　由表 4-3 可以得出如下结论，若以剪切断面为基准，逐渐向试样中心，则剪切区最外层(即最靠近剪切断面)的晶粒是来源于原始坯料最底层的金属材料。由表及里第二层的晶粒是来源于原始坯料底部倒数第二层的金属材料，依此类推。由此可见，剪切区内所有的晶粒在精冲成形的过程中都发生了变形，并且越靠近剪切断面或毛刺侧的晶粒发生的变形越剧烈。因此，随着晶粒变形程度的增加，试样相应区域(即从塌角侧至毛刺侧、从心部至表面)内的显微硬度值理应有所提升。为了验证上述分析，本书以 5 号试样为例，对其进行维氏显微硬度测试。具体的取点方式如图 4-6 所示。沿着线段 *AB* 从心部至表面等距离地选取 10 个点，沿着线段 *BC* 从塌角侧至毛刺侧等距离地选取 20 个点，对共计 30 个点进行显微硬度值的测量。测量的结果证实了上述分析，试样上相应区域内的显微硬度值确实呈现出逐渐上升的趋势，如图 4-7 所示。上述区域外材料的显微硬度值近似保持不变。换言之，零件在精冲成形完成以后，表面会出现材料加工硬化层。硬化层的宽度即剪切区的宽度。

冲压零件的硬化程度可以通过下式计算，即

$$N = \left(\frac{HV - HV_0}{HV_0} \right) \times 100\% \tag{4-1}$$

其中，N 为零件的硬化程度，数值越大，零件的硬化程度越高；HV 为零件最大显微硬度；HV_0 为零件坯料的原始显微硬度。

具体来看，试样剪切区内从塌角侧至毛刺侧的显微硬度范围为 246.7HV～329.3HV，从心部至表面显微硬度值范围为 170.1～220.1HV，而原始坯料的显微硬度值约为 162HV。经计算可知，其硬化程度值约为 103.3%。由此可见，精冲成形过程中产生的加工硬化现象十分明显。从试样晶粒变形程度的分析可知，晶粒变形越剧烈，则该处加工硬化越明显。随着凸模的不断下行，具有高硬度的渗碳体颗粒沿金属流线延伸的方向划过相对较软的铁素体基体，逐渐向靠近毛刺侧及剪切断面的区域聚集。因此，显微硬度值逐渐增大的现象是该区域高硬度渗碳体的含量上升导致的。

4.1.3　精冲有限元模拟结果分析

本书基于精冲直齿圆柱齿轮的实际生产制造情况，建立与之相对应的热力耦合有限元仿真模型，采用 Deform 软件模拟精冲成形过程。本节选取与精冲成形过程密切相关的温度场分布、应变场分布和速度场分布行为进行研究，结合微观组织分布规律和显微硬度分布规律，揭示精冲过程中宏观变形与微观组织演变之间的关系。

1. 精冲温度场分布

根据能量转换规律，在冷塑形成形的过程中，随着变形量的不断增加，金属材料各个晶粒之间便会产生相互作用，使绝大部分外力所做的功转换成热能的形式。显然，热量在金属板料中的聚集会直接影响材料在精冲成形过程中的变形，影响工件最终的成形质量。因此，对成形过程中的温度场进行研究，成形过程中的温度场分布如图 4-8 所示。

　　精冲成形过程可以分为两步。第一步，V 形压边圈下压至工件材料内部；第二步，凸模下行完成整个冲压过程。从图 4-9(a)可知，随着 V 形压边圈的不断下压，工件板料内部与 V 形齿接触的部位温度逐渐上升。此时，V 形齿部位就像一个热源，温度始终在其与工件板料的接触面上最高，并呈环状向其周围的材料扩散，最终在板料内部形成一圈一圈的等温层。根据精冲成形理论可知，V 形压边圈的主要作用是为了阻止金属材料在成形的过程中做横向运动，避免剪切区外部的金属材料随凸模运动而流入剪切区内。与此同时，V 形压边圈还为工件板料提供静水压应力，使第二步冲压过程中的工件板料处于三向静水压应力状态，保持良好的塑性直至断裂，最终获得良好的断面质量。

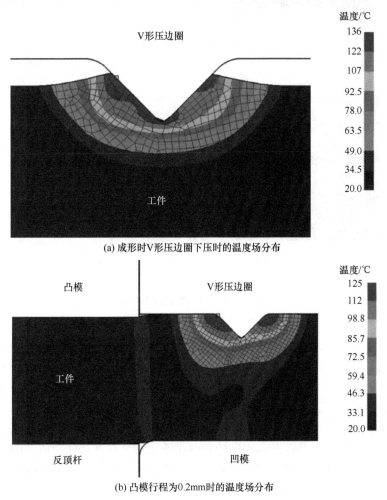

(a) 成形时V形压边圈下压时的温度场分布

(b) 凸模行程为0.2mm时的温度场分布

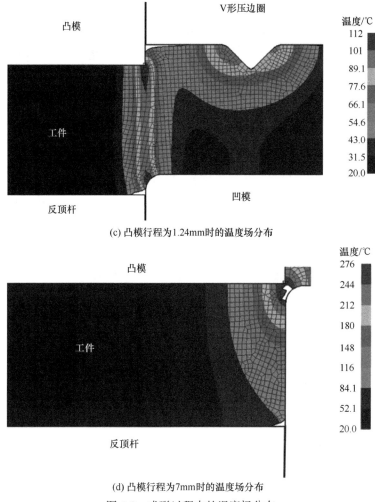

(c) 凸模行程为1.24mm时的温度场分布

(d) 凸模行程为7mm时的温度场分布

图 4-8 成形过程中的温度场分布

　　有限元模拟结果显示，在第二步凸模下行进行精冲的过程中，从凸模刚开始下行不久，工件板料中的温度随即发生明显的变化。从图 4-8(b)可知，剪切区和非剪切区之间出现一条清晰的分界线。此外，纵观整个剪切冲压的模拟过程可以发现，精冲成形过程中的温度变化与其剪切变形一样，只发生在凸凹模刃口连线周围一块狭长的区域内。在此过程中，凸凹模刃口充当散发热量的热源，形成剪切区的核心温度区，并逐渐向周围的材料扩散，最终在剪切区形成一圈一圈的等温层。若以其连线为参照，两侧具有几乎一致的温度分布。在其连线上，两端靠近凸凹模刃口的地方较其连线中部有更高的温度。

　　此外，根据有限元模拟结果，在整个精冲过程中，工件板料内的最高温度达到 291℃。这一温度值虽然远不及所选材料的再结晶温度(约 400℃)，但是却超过该材料的低温回复温度。根据金属回复理论，在低温回复阶段，金属材料的显微组织未发生明显的变化，晶粒仍然保持冷变形后的纤维状。也就是说，在精冲过程中，金属材料并不会出现类似热成形工艺中出现的组织相变等现象[10]。

2. 精冲应变场分布

精冲成形过程中的应变场分布如图 4-9 所示。可以看到，在精冲成形的过程中，工件板料内部的应变分布与温度分布一样，主要集中于工件板料的剪切区内。根据模拟结果可知，在凸模下行对工件板料进行冲压时，工件板料上剪切区内的等效应变值在冲压方向上从塌角侧到毛刺侧呈现逐渐增加的趋势，且越靠近剪切断面，其等效应变值越大。这一现象很好理解，在精冲成形的过程中，位于塌角侧的金属材料是最先结束变形的，而位于毛刺侧的金属材料是最后结

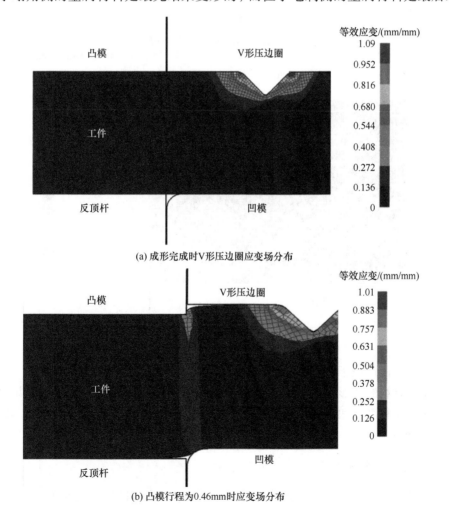

(a) 成形完成时V形压边圈应变场分布

(b) 凸模行程为0.46mm时应变场分布

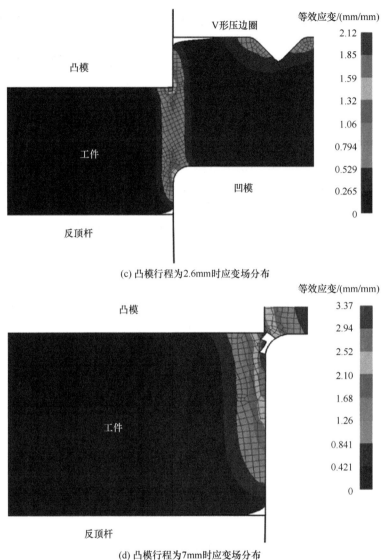

(c) 凸模行程为2.6mm时应变场分布

(d) 凸模行程为7mm时应变场分布

图 4-9　精冲成形过程中应变场分布

束变形的，因此位于毛刺侧的材料相较于位于塌角侧的材料变形程度更大一些。随着金属材料的变形程度增加，其内部受到的等效应变也随之增加，导致该材料的加工硬化程度增加，继而使其具有更大的显微硬度值，出现如图 4-7 所示的显微硬度分布。

3. 精冲速度场分布

精冲成形过程中速度场分布如图 4-10 所示。在模拟过程中，凸模下行的速度设置为 10mm/s。根据模拟结果，非剪切区金属材料的流动速度与凸模的下行速度一致，但剪切区内材料的流动速度却比凸模下行的速度小，并且剪切区内部越靠近剪切断面的地方其材料的流动速度越小，即板料呈现从工件到废料，其材料质点的流动速度逐渐降低的速度梯度。产生上述现象的主要原因是，在剪切断面上工件将与废料分离，因此处于剪切断面上的金属材料将受到来自废料上金属材料的牵扯，并通过晶粒间的相互作用将此摩擦阻碍从剪切断面逐渐传递到工件板料的心部。其摩擦阻碍也在此传递过程中不断减小，由此便在工件板料上产生如图 4-10(b)所示的速度梯度分布。该速度梯度就是精冲成形过程结束后零件上形成塌角的直接原因。

此外，图 4-10(b)还给出了位于塌角侧金属材料速度场分布的局部放大细节图。该图以速度矢量表征材料质点的变形流动状态。其中，速度矢量的箭头指向表征材料质点的流动方向，而速度矢量的箭头颜色表征材料质点的速度大小。可以发现，工件板料上剪切区内部材料质点速度矢量的方向为斜向右下指向凹模刃口，而非剪切区内部材料质点速度矢量的方向为竖直向下。以工件板料剪切区内部任意材料质点的速度矢量为例，均可将该速度矢量分解为水平向右的速度分量和竖直向下的速度分量。位于非剪切区内部的材料质点则没有水平方向上的速度分量。由速度梯度的分析可知，工件板料上越靠近剪切断面的地方，其材料质点的流动速度越小。由此可知，一方面，两个速度分量使工件板料上位于剪切区内部的金属材料与位于非剪切区内部的金属材料相比，有着向右和向上的相对速度；另一方面，对剪切区内部任意两个相邻的材料质点，位于右边的材料质点的流动速度更小，经过分解后其两个速度分量也比其左边的材料质点的速度分量更小，因此工件板料上剪切区内部位于右边的材料与位于左边的材料相比，有着向左和向上的相对速度。上述分析

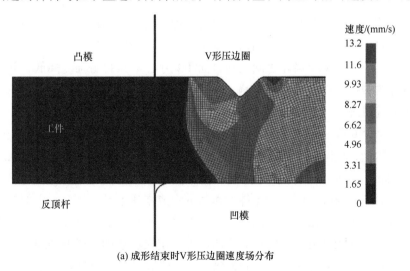

(a) 成形结束时V形压边圈速度场分布

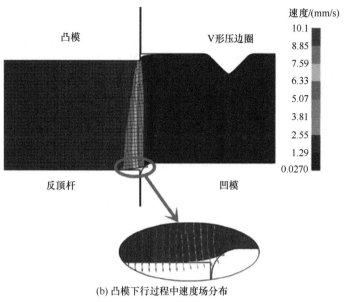

(b) 凸模下行过程中速度场分布

图 4-10　精冲成形过程中速度场分布

阐明了精冲成形过程中金属流线形成及延伸的原因，同时很好地解释了随着冲压的不断进行，剪切区内越靠上的各条金属流线彼此之间越靠近的现象。由此可以建立工件板料内部的速度场分布与其金属流线分布之间的关系。

4.1.4　精冲塌角形成机理

塌角的形成实际上是材料流动的宏观表现，因此在精冲成形过程中，零件上塌角是无法避免的。对于精冲直齿圆柱齿轮来说，其塌角通常出现在轮齿的齿顶处。考虑轮齿的两个侧面也存在金属材料的剪切变形，同样会产生材料之间相互牵扯的现象，理论上也会产生塌角。毫无疑问，若齿轮零件上的塌角尺寸过大，则会使相互配合的两个齿轮之间的啮合面积减小，导致接触强度降低，并最终对齿轮零件的服役性能产生不利影响。因此，下面开展与塌角形成有关的研究，揭示塌角形成机理。

表 4-4 所示为 1~5 号试样塌角及其微观组织。通过对上述 5 个试样上的塌角高度进行测量，得到的数据结果依次为 0.132mm、0.192mm、0.224mm、0.277mm和 1.398mm。实际上，在发生塑形变形时，金属材料的流动速度取决于该处材料质点所受的应力情况。因此，零件上塌角的形成本质上是工件板料内部的应力场分布导致的。基于有限元模拟的结果可以发现，在精冲成形过程中，该直齿圆柱齿轮上即将成形的地方所受的应力为压应力。定义上述即将成形的地方为工件和废料的交界面，并以此交界面上的金属材料为研究对象。如图 4-11 所示，齿轮零

件上沿着此交界面从齿根处到齿顶处其压应力大小表现出逐步降低的趋势，相应地，此方向金属材料的塑性也表现出逐步降低的趋势。

表 4-4　1～5 号试样塌角及其微观组织

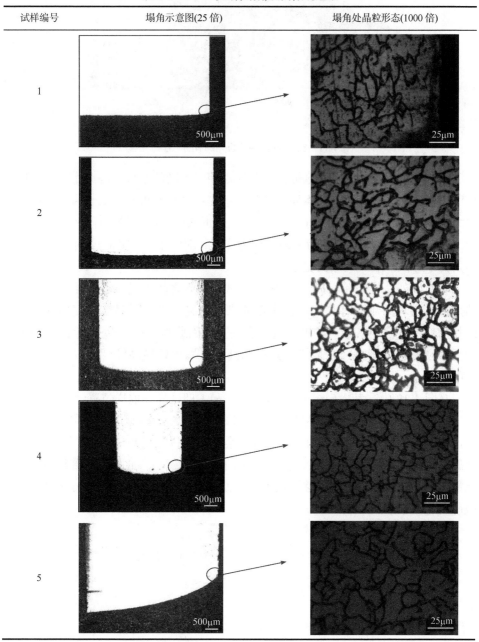

试样编号	塌角示意图(25 倍)	塌角处晶粒形态(1000 倍)
1		
2		
3		
4		
5		

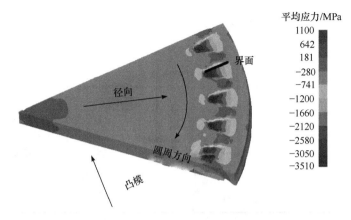

图 4-11 凸模行程为 1.6mm 时的应力场分布

由于塌角的形成是一片区域内材料质点相对流动的结果，因此本书采用应力梯度的概念表征塌角形成的本质。经过仔细测量和计算可知，沿轮齿的径向存在较大的应力梯度(约为 2500MPa)。这个方向上形成的正是 5 号试样上显示的塌角，因此塌角尺寸较大。沿着轮齿周向的应力梯度相对较小。这使 1～4 号试样形成的塌角比 5 号试样形成的塌角更小。

除此以外，位于轮齿周向上的 4 个试样彼此之间也进行了对比。由于塌角的形成与材料的流动有关，材料质点的流动情况又决定了晶粒的变形程度，而晶粒的变形程度与其显微硬度的大小有关系，因此本节还对这 4 个试样塌角处的显微硬度进行测量，并最终得到塌角高度、塌角处显微硬度，以及应力梯度之间的关系。

在图 4-12 中，其横坐标 1/4、1/2、2/3 和 1 即试样的取样位置(表 4-1)，分别代表 4 号试样、3 号试样、2 号试样和 1 号试样。该图清晰地揭示了应力梯度与塌角形成之间的关系。由于应力梯度的大小会影响材料的流动状态，应力梯度越大，金属材料的流动性能越好，因此形成的塌角尺寸就越小。此外，随着材料流动性能的提升，会使其变形程度逐渐增加。这便解释了从 4 号试样到 1 号试样，其显微硬度逐渐增加。

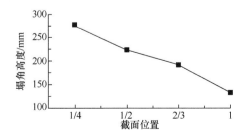

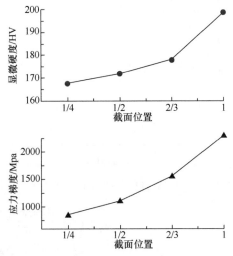

图 4-12　塌角高度、显微硬度及应力梯度的关系

　　除此以外，对这四个试样塌角处的平均晶粒尺寸进行测量，平均晶粒尺寸值从 4 号试样到 1 号试样依次约为 12.98μm、11.51μm、11.24μm 和 10.77μm。由于平均晶粒尺寸的概念是对某一处具体位置而言的，因此我们从应力状态改变微观状态对其进行对比研究。如图 4-13 所示，压应力的值越大，该处的平均晶粒尺寸越小。

　　通过进一步观察 4 号试样塌角处的晶粒形态，可以发现区域 A 处的晶粒相较区域 B 处的晶粒，其平均晶粒尺寸更大(A、B 是试样上平行于其剪切断面的直线上的两点)。4 号试样塌角处的晶粒形态如图 4-14 所示。通过测量，区域 A 处的平均晶粒尺寸约为 15.56μm，区域 B 处的平均晶粒尺寸约为 12.14μm。据模拟的结果可知，区域 B 与区域 A 相比具有更大的压应力。这表明，试样上处于越下层的金属流线上的晶粒受到的压应力越大，因此会引发更大的塑性变形，使该处的晶粒越细小。

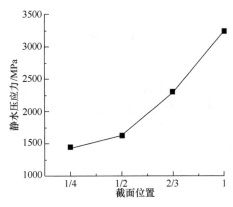

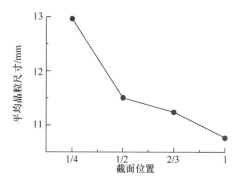

图 4-13　平均晶粒尺寸与静水压应力大小的关系

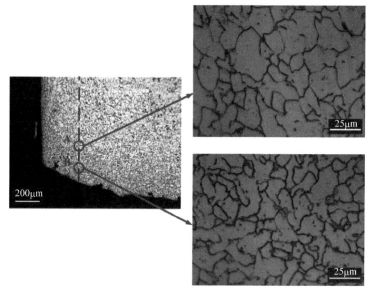

图 4-14　4 号试样塌角处的晶粒形态

4.2　小塌角精冲成形技术

　　精冲塌角是精冲断面上不可避免的特征。带齿形精冲零件的塌角问题尤为显著。过大的塌角会降低精冲零件的工作性能，因此在实际生产中，部分零件需要额外的机械加工来减小塌角以满足零件的技术要求。但是，额外的工步会浪费大量的时间与材料，提高生产的成本。因此，本书对塌角形成的机理进行深入研究，并提出一种小塌角精冲成形方法和模具设计方法。

4.2.1　传统控制塌角尺寸的方法

精冲过程中的很多工艺参数在不同程度上影响塌角的尺寸，为了控制塌角尺寸，国内外学者对此进行了大量研究。

在精冲模具结构上，Kwak 等[11]将有限元分析与实验相结合，研究汽车安全带中零件的精冲过程，发现减小冲压间隙能够减小精冲塌角尺寸。Thipprakmas[12]分析对比了平板压边、单面压边齿圈、单面凹模齿圈与双面压边齿圈四种情形下精冲零件的断面质量，发现四种情形下光亮带依次明显提高，塌角高度有一定程度地减小。Kwak 等[13]还研究了压边圈齿高与齿距对精冲断面质量的影响，发现增加压边圈齿高，减小齿距能够减小塌角的高度。匡青云等研究齿形件精冲时，发现增大凹模刃口倒角会增大塌角尺寸。

精冲过程中一些可控的工艺参数对塌角的尺寸也存在影响。Thipprakmas 等[14]研究了压边力与反顶力的综合作用，结果表明合理的压边力反顶力组合能减小塌角尺寸。Lee 等[15]研究了 6.4m/min、10m/min、16m/min 三种不同冲压速度下塌角尺寸的变化规律，发现提高冲压速度能够减小精冲塌角。Klocke 等[16]使用有限元模分析摩擦系数对精冲塌角的影响，认为摩擦对塌角尺寸的影响很小。

精冲零件本身的厚度、形状轮廓与材料强度也会影响最终塌角的尺寸。文献[17]研究了零件轮廓形状对精冲零件断面质量的影响，证明零件突出轮廓处的塌角尺寸比平滑轮廓处的塌角尺寸大，而内凹轮廓处的塌角尺寸比平滑轮廓处的塌角尺寸要小。德国精冲技术标准提出依据板厚与零件尖锐轮廓处的圆角尺寸及夹角角度估算塌角尺寸的方法[18]，其他精冲企业，如 Hydrel、Schmid 等也做过类似的工作。吴炎林等[19]使用反向传播 (back propagation，BP) 神经网络的方法，建立用零件圆弧轮廓与板厚来预测塌角高度的方法。板料的强度同样会影响塌角的尺寸，一般来说，较软的材料在精冲时也会产生较大的塌角。

总体来说，在传统强力压边精冲的范围内通过改变工艺参数来减小塌角的效果有限，工业上很难应用这种方式直接生产对塌角尺寸有高要求的精冲零件。为此，诸多学者提出一系列小塌角精冲的技术方法。

Kondo 提出对向凹模精冲方法。这种精冲方法设计了一套全新的模具进行精冲。对向凹模精冲能够精冲板厚大，塑性较低的材料，此外还能取得很好的精冲零件质量，塌角与毛刺的尺寸都很小。但是，对向凹模精冲的模具相对强力压边精冲来说复杂很多，加工零件内形时，板料还需要前工序处理。

负间隙冲压是一种从强力压边精冲演化而来的精冲方法。其与普通强力压边精冲的主要的区别是，使用的凸模尺寸要大于凹模型腔尺寸。Huang 等[20]的研究证明，负间隙冲压能有效减小精冲件的塌角。由于该工艺本身的特点，负间隙冲压会导致零件厚度比板料厚度略厚，冲压末期零件与板料之间仍存在连皮。除此之外，负间隙也会显著增大模具的载荷，降低模具寿命。

宁国松[21]研究了一种切挤复合精冲加工板状类部精密轮廓的工艺。该方法通过普通冲压加工零件，但在要求高精度的零件局部位置预留一定的加工余量，然后利用具有一定刃口圆角的凸模对该部分轮廓进行切挤复合精整。该方法加工出的零件局部轮廓塌角尺寸很小，但修整时对模具定位的要求较高。

此外，还有人提出级进分步精冲法。这种精冲方法将零件尖锐轮廓处的一步冲压转化为两步冲压，每步冲压一个轮廓边，相当于将尖锐轮廓的冲压转化为直线冲压，有效减小因为尖锐轮廓导致的塌角。这种精冲方法无法加工尖角处的圆角，因此仍然需要额外的工步加工出轮廓圆角[22]。

总结上面提出的各种新的精冲工艺可以发现，虽然它们都能够减小精冲塌角，但是存在模具结构复杂、成本高等缺点，因此没有得到广泛的应用。

4.2.2　精冲凹模刃口的作用

基于精冲塌角成形机理的研究，以及小塌角精冲成形技术的相关研究可知，精冲凹模刃口对于塌角的形成具有重要的影响。

Rotter[23]提出精冲剪切区几何关系模型，讨论精冲模具刃口在精冲过程中的作用。图 4-15 为 Rotter 建立的精冲落料剪切变形区几何关系示意图，其中 l_k 为凸模刃口附近纤维长度；l_r 为凹模刃口附近纤维长度；u 为冲压间隙；s 为板厚；r_k 为凹模刃口圆角。

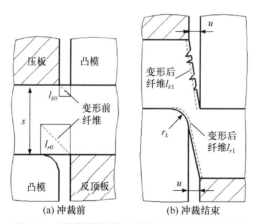

图 4-15　精冲落料剪切变形区几何关系示意图

在精冲落料的过程中，精冲凸模刃口锋利，Rotter 假设精冲冲压时只有处于模具刃口圆角半径以内或冲压间隙中的材料发生变形，进而定义精冲开始前凸模与凹模刃口附近正方形变形材料单元。在纯剪切应力的条件下，模具刃口附近的正方形材料单元对角线方向中的纤维将沿着整个精冲断面延伸。

　　假设精冲凸模行程与板厚相同，依据精冲结束时变形纤维的长度便可以计算出正方形材料单元对角线纤维的平均变形程度，即

$$\varphi = \int_{l_0}^{l_1} \frac{\mathrm{d}l}{l} = \ln \frac{l_1}{l_0} \tag{4-2}$$

其中，l_0 为精冲变形前变形纤维的初始长度；l_1 为精冲结束后变形纤维的最终长度。

　　依据图 4-15 中精冲剪切变形区的几何关系可以得出以下结果。

　　精冲变形前材料单元的初始长度 l_0 为

$$l_0 = (u + r_k)\sqrt{2} \tag{4-3}$$

其中，u 为单边冲压间隙；r_k 为刃口圆角半径。

　　精冲结束后材料单元最终的长度 l_1 为

$$l_1 = \sqrt{(s - r_k)^2 + u^2 + \frac{\pi r_k}{2}} \tag{4-4}$$

其中，s 为板料厚度。

　　将 l_0 与 l_1 代入式(4-2)，可以得到材料单元的变形程度，即

$$\varphi = \ln \frac{\sqrt{(s - r_k)^2 + u^2 + \dfrac{\pi r_k}{2}}}{(u + r_k)\sqrt{2}} \tag{4-5}$$

　　在精冲过程中，板厚 s 要远大于精冲间隙 $u(u=0.5\%s)$，且凸模的刃口是锋利的$(r_k \to 0)$，那么凸模刃口附近材料单元的变形程度可近似表达为

$$\varphi_k \approx \ln \frac{s}{\sqrt{2}u} \tag{4-6}$$

　　凹模存在刃口圆角，且半径远大于冲压间隙$(r_k \gg u)$，那么凹模刃口附近材料单元的变形程度可近似为

$$\varphi_r \approx \ln \frac{s}{\sqrt{2}r_k} \tag{4-7}$$

　　比较式(4-6)与式(4-7)可以得出，凸模与凹模刃口附近的材料单元变形程度是不同的，凸模刃口附近的材料单元变形程度由板厚与单边冲压间隙决定，而凹模刃口附近的材料单元变形程度由板厚与凹模圆角的尺寸决定。

　　Rotter 建立的精冲落料时，剪切变形区的几何关系可以描述模具刃口附近的材料在精冲过程中的变形特点。模具刃口圆角的存在使更多的材料沿着精冲断面延伸，即材料更难达到塑性变形的极限，断裂产生的可能性也降低。这也是精冲

落料时，设置凹模刃口圆角的最初目的。与此同时，更多的材料沿着精冲断面延伸，这意味着零件更多的材料流向剪切变形区域，不可避免地使塌角增大。

综上所述，在普通凹模精冲时，凹模圆角作用对于提高精冲断面质量是矛盾的。增大精冲普通凹模刃口圆角能提高精冲断面的光亮带，但同时会增大塌角尺寸，反之增大精冲撕裂倾向，减小塌角尺寸。鉴于模具刃口圆角是保证精冲光亮带不可或缺的，改变精冲开始时凹模刃口的工作方式，成为抑制塌角增长的一种途径。基于此，本书提出一种齿式凹模小塌角精冲成形技术。

4.2.3 齿式凹模的提出

普通凹模与齿式凹模结构示意图如图 4-16 所示。

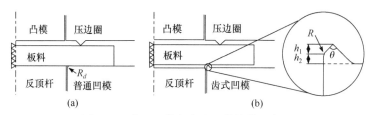

图 4-16 普通凹模与齿式凹模结构示意图

普通凹模与齿式凹模的关键区别在于模具刃口布置的方式。如图 4-16 (a)所示，普通凹模的模具刃口直接沿着凹模型腔的上边缘布置，其结构参数可以用凹模圆角尺寸 R_d 来定义。如图 4-16 (b)所示，齿式凹模的模具刃口布置在沿凹模型腔上边缘设置的齿形上，模具刃口高于凹模的上表面。齿式凹模的结构至少需要用四个参数来定义，即刃口高度 h_1、齿尖高度 h_2、齿尖角 θ 与刃口圆角 R。此外，普通凹模的刃口一般沿着凹模型腔上边缘布置一圈，而齿式凹模的齿形理论上只需要布置在对零件塌角尺寸有特殊要求的凹模部位，其余部位仍然使用普通凹模刃口的设计。

齿式凹模特殊的齿形结构并没有改变其工作方式。其精冲过程仍然是压边圈先与凹模压紧板料，然后是凸模与反顶板进行冲压。从齿式凹模的结构及其工作方式可以看出，齿式凹模精冲是通过改变凹模模具设计的方式来满足精冲零件的塌角需求。其技术方案实现比较简单，成本也不会得到明显的提高，具有很高的应用潜力。

4.2.4 齿式凹模精冲材料变形机理

1. 传统变形模型与其缺陷

Rotter 在研究精冲落料剪切变形区的几何关系时，假设精冲冲压时只处于刃口圆角半径内，或者冲压间隙中的材料发生变形。此假设确定了压边圈与反顶板在剪切变形区与板料的接触点,便于定义凸模与凹模刃口附近的正方形材料单元。但是,此假设与精冲实际的情况并不一致,压边圈与反顶板在剪切变形区与板料的接触点随着精冲的进行而变化。因此,下面讨论涂光祺提出的精冲板料变形模型(图 4-17),并以此为基础定义更准确的精冲板料模型。

如图 4-17 所示, Ⅰ 、Ⅱ 为塑性变形区,Ⅲ 为塑性变形影响区,Ⅳ 为弹性变形区,A 和 B 为凸模和凹模的刃口。冲压间隙区被 AB 连线分为 Ⅰ 、Ⅱ 两个区域,也是塑性变形发生的主要区域,即 Ⅰ 、Ⅱ 代表塑性变形区。冲压间隙两侧为刚性平移的传力区,又分为靠近 Ⅰ 、Ⅱ 的塑性变形影响区 Ⅲ 和最外侧的弹性变形区Ⅳ。在精冲过程中,塑性变形始终在以 AB 为对角线的矩形区域进行。图 4-17 (a)描述精冲开始时板料的状态。图 4-17(b)描述精冲凸模行程达到 h 时的板料变形状态。Ⅰ 的材料被凸模挤压到板料上,Ⅱ 的材料被凹模挤压到零件上。与此同时,凸模与凹模刃口之间的距离越来越短,即 AB 连线不断缩短,以 AB 连线为对角线的矩形高度也相应减小。一部分材料会转移到 AB 以外的已变形区,当 AB 距离最小时,材料全部转移,精冲过程结束。

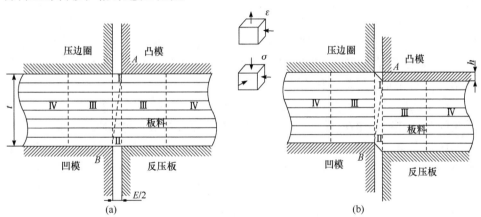

图 4-17　精冲板料变形模型示意图

这个传统的精冲板料变形模型通过模具刃口(A 点与 B 点)的位置与运动定义精冲过程中的塑性变形区域,描述金属在冲压间隙区域流动及凸模与凹模间转移的过程,可以在一定程度解释精冲零件冲压面上出现的倒锥现象。但是,这个传统的精冲板料变形模型将凹模刃口简化为点,依据模具设计资料,凹模刃口圆角的尺寸一般为冲压间隙的 10~20 倍。如此处理可以忽略凹模刃口圆角在精冲过程中的作用。此外,在该精冲板料变形模型中,金属的流动只发生在冲压间隙中,塌角现象也无法得到解释。

2. 改进的变形模型

Rotter 研究的精冲剪切变形区几何关系与涂光祺提出的精冲板料变形模型都

是从不同的角度描述精冲的基本过程，但都存在一定的缺陷。在两位学者理论的基础上，考虑凹模刃口圆角可以得到新的精冲变形模型。普通凹模与齿式凹模精冲板料变形模型示意图如图 4-18 所示。

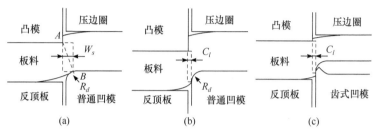

图 4-18　普通凹模与齿式凹模精冲板料变形模型示意图

在考虑精冲凹模圆角尺寸后，普通凹模的精冲可以大致分为两个阶段。图 4-18 (a)中 A 与 B 分别位于凸模与凹模的刃口上。在精冲板料变形过程中，A 点固定位于凸模刃口上，B 点随着精冲的进行沿着凹模刃口圆角向下移动，虚线框是以 A 与 B 两点连线为对角线定义的剪切变形区，其宽度为 W_s。在普通凹模精冲的第一阶段，剪切变形区宽度 W_s 从最初凹模刃口圆角的尺寸 R_d 不断减小到冲压间隙的宽度 C_l。图 4-18 (b)中剪切变形区宽度 W_s 不再减小，而是保持在冲压间隙的宽度 C_l。从普通凹模精冲剪切变形区宽度 W_s 的变化过程可以看出，凹模刃口圆角会增大精冲初期的冲压间隙，影响最终零件塌角尺寸。

齿式凹模刃口特殊的布置方式可以避免普通凹模精冲时凹模刃口圆角带来的塌角问题。如图 4-18 (c)所示，由于齿式凹模的刃口在精冲初期便压入板料，剪切变形区宽度 W_s 在精冲初期被限制在冲压间隙 C_l 的大小，即金属的剪切变形受到模具结构的限制，继而控制精冲初期塌角尺寸的增长，达到减小精冲塌角的效果。

相比传统的精冲板料变形模型，新的板料变形模型可以描述普通凹模精冲时凹模刃口圆角对塌角尺寸的影响，很好地描述齿式凹模精冲的基本过程。

3. 精冲变形模型验证

为了验证新的精冲板料模型的正确性，我们以圆片精冲有限元模拟的结果为例，对比分析普通凹模精冲与齿式凹模精冲金属流动速度场，并测量获得不同模具精冲条件下凸模行程与剪切变形区宽度 W_s 及零件塌角高度的关系曲线图，如图 4-19(a)所示。

可以得出，在普通凹模精冲中，剪切变形区宽度 W_s 与塌角高度的变化具有明显的对应关系。当凸模行程达到约 1.2mm 时，圆片的塌角增大到最大值，其大小约为 0.44mm。在此后的行程中，塌角高度不再有明显的变化。在几乎相同的凸模行程处，剪切变形区宽度 W_s 从凹模刃口圆角 0.3mm 减小到冲压间隙的 0.02mm，即金属发生剪切变形的区域不断缩小，直至限制在冲压间隙中。在齿式凹模精冲中，剪切变形区宽度 W_s 从精冲开始时便因为齿式凹模的结构限制在冲压间隙的宽度 (0.02mm)，而对应的塌角高度在凸模行程约 1.2mm 时达到最大值(0.07mm)。

在精冲过程中，塌角尺寸的变化可以分为两个阶段，第一阶段塌角的尺寸逐渐增大，第二阶段塌角的尺寸稳定不变。精冲塌角尺寸在不同阶段的变化特征直接反映在金属流动的速度场上。为了分析普通精冲与齿式凹模精冲在两个阶段中的金属流动速度场的特征，我们从有限元模拟结果中提取凸模行程在 0.4mm(第一阶段)与 1.4mm(第二阶段)时剪切变形区附近的金属流动速度场，如图 4-19(b)所示。

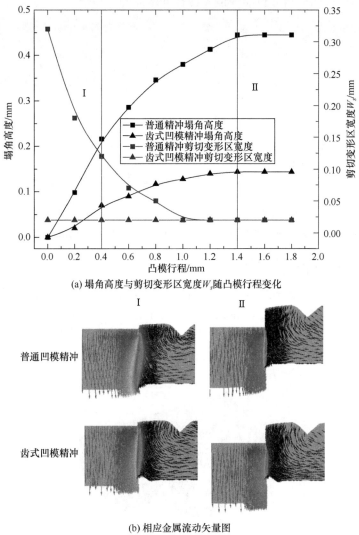

(a) 塌角高度与剪切变形区宽度W_s随凸模行程变化

(b) 相应金属流动矢量图

图 4-19　两种精冲模式下塌角尺寸与精冲行程关系

4. 断面质量对比

图 4-20 分别展示了圆片普通凹模精冲与齿式凹模精冲有限元模拟后得到的零件断面质量。在普通凹模精冲条件下，最终圆片的塌角高度与宽度分别约为 0.44mm 与 1.96mm；在齿式凹模精冲条件下，最终圆片的塌角高度与宽度分别约为 0.14mm 与 1.52mm。齿式凹模精冲的圆片塌角高度与宽度分别减小到普通凹模精冲中圆片塌角高度与宽度的 31.8% 与 77.5%。模拟结果说明，齿式凹模能有效减小精冲零件的塌角。此外，在两种模具精冲条件下，圆片精冲断面的撕裂均很小，这说明齿式凹模精冲也能保证零件精冲断面的光亮带。

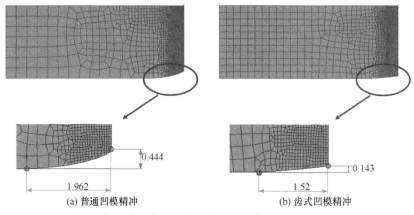

(a) 普通凹模精冲   (b) 齿式凹模精冲

图 4-20　圆片普通凹模精冲与齿式凹模精冲有限元模拟的零件断面质量(单位：mm)

4.2.5　齿式凹模结构参数设计

上述研究验证了齿式凹模减小塌角尺寸的有效性。为了对齿式凹模结构参数进行优化设计，需要考虑零件轮廓对塌角尺寸的影响，选取具有特定顶尖角 α 与圆角半径 R 的局部三角齿来研究齿式凹模精冲中的塌角现象[24]。该三角齿的齿尖角 α 为 60°，齿尖圆角半径为 0.6mm，厚度 t 为 3mm，齿高 h 约为 0.8mm，如图 4-21 所示。

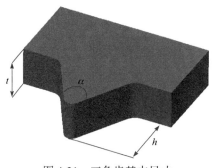

图 4-21　三角齿基本尺寸

　　应用 Taguchi 实验设计方法，以塌角高度作为齿式凹模结构参数的优化目标，以刃口高度 h_1、齿尖高度 h_2、齿尖角 θ 与刃口圆角 R 四个参数为优化参数，进行齿式凹模结构参数的优化。最终得到当刃口高度 h_1=0.2mm、齿尖高度 h_2=0.2mm、齿尖角 θ=90° 与刃口圆角 R=0.15mm 时具有良好的效果。

　　三角齿普通凹模精冲与优化后的齿式凹模精冲的塌角对比图如图 4-22 所示 (凹模刃口圆角 R_d=0.3mm)。在普通凹模精冲条件下，最终三角齿的塌角高度与宽度分别约为 0.84mm 与 2.62mm。在齿式凹模精冲条件下，最终三角齿的塌角高度与宽度分别约为 0.22mm 与 0.93mm。相比于传统凹模精冲，齿式凹模精冲的三角齿塌角高度与宽度分别减小 73.8% 和 64.5%。

图 4-22　三角齿普通凹模精冲与优化后的齿式凹模精冲的塌角对比图(单位：mm)

　　通过齿式凹模结构优化的相关研究可以得出，齿式凹模减小塌角的关键结构尺寸为刃口高度 h_1，即齿式凹模工作时刃口部位压入板料越深，则减小精冲塌角的效果便越好。齿尖高度 h_2 与齿尖角 θ 是为方便将齿式凹模刃口压入板料而设计的，决定齿式凹模齿形结构的强度，刃口圆角 R 在一定程度上受刃口高度 h_1 与齿尖高度 h_2 的限制。虽然由于齿式凹模工作机理的原因，齿式凹模刃口圆角尺寸几乎对塌角尺寸没有影响，但是刃口圆角尺寸仍然影响沿断面延伸的金属的多少，即精冲断面的撕裂。

1. 齿式凹模精冲模具设计参考表

　　精冲压边圈的设计与制造已经趋于标准化，很多企业已经依据生产经验建立自己一套完整表格形式的精冲压边圈设计参考。以资料中的压边圈设计表格为例，该方案以板料厚度为依据选择压边圈的齿距与齿高，以 4mm 板厚为临界条件选择单面压边圈或双面压边圈设计方案。

　　成熟的齿式凹模设计同样需要一套系统的设计方案，而传统的压边圈设计参考表可以提供很多借鉴。齿式凹模精冲的模具设计同样需要考虑板厚的影响，板厚不仅影响精冲塌角的尺寸，也影响精冲撕裂，同样需要区分薄板与厚板两种情形下的齿式凹模设计。但是，在齿式凹模设计过程中，零件的外形轮廓对塌角的尺寸有显著的影响，即使在同一板厚条件下，塌角高度占板厚的比例也会随着零件轮廓有显著的变化，即将板厚作为齿式凹模设计的唯一依据并不妥当，而应该结合零件板厚与轮廓设计齿式凹模的结构尺寸。

　　然而，由于实际零件轮廓的形状比较复杂，仅靠顶尖角与圆角无法描述如齿轮类零件轮廓的尖锐程度，因此需要一种更加全面的方式评价所有类型零件突出轮廓的尖锐程度。下面定义零件突出轮廓面积比 P 来衡量零件突出轮廓的尖锐程度，即

$$P = \frac{零件突出轮廓面积}{零件突出轮廓的外接矩形面积} \tag{4-8}$$

以三角齿为例，三角齿零件突出轮廓面积比 P 的计算示意图如图 4-23 所示。

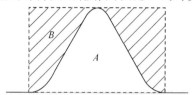

图 4-23　三角齿零件突出轮廓面积比 P 的计算示意图

　　图中 A 为三角齿面积，B 为阴影部位面积，A 与 B 之和即三角齿外接矩形的面积。三角齿零件突出轮廓面积比 P 为

$$P = \frac{A}{A+B} \tag{4-9}$$

　　在确定评价精冲零件轮廓尖锐程度的方法后，便可建立精冲齿式凹模精冲设计参考表，如表 4-5 所示。

表 4-5　齿式凹模精冲设计参考表

(a)精冲塌角成形难度评级与压边圈设计

$P < 1/3$	2	3	4	5
$1/3 \leqslant P < 1/2$	1	2	3	4
$1/2 \leqslant P < 2/3$	1	2	2	3
$P \geqslant 2/3$	1	1	1	2
板厚 t/mm	0~4	4~6	6~8	8~10
压边圈齿距 a/mm	传统设计	3	3.5	4.5
压边圈齿高 h/mm		1	1.2	1.5

(b)齿式凹模齿形设计

塌角成形难度评级	刃口高度 h_1/mm	齿尖高度 h_2/mm	刃口圆角 R/mm
1	0.20	0.20	0.20
2	0.30	0.20	0.35

续表

塌角成形 难度评级	刃口高度 h_1/mm	齿尖高度 h_2/mm	刃口圆角 R/mm
3	0.40	0.30	0.50
4	0.50	0.30	0.75
5	0.60	0.30	0.90

可以看出，齿式凹模设计参考表由两个相互关联的分表组成。表 4-5(a)为精冲塌角成形难度评级与压边圈设计表，依据板厚与零件轮廓角对精冲塌角形成的难易程度进行评级，零件板厚越厚且轮廓越尖锐，则越容易形成塌角。精冲塌角成形难度从 1~5 共分为五级，数值越大表明塌角越容易形成。此外，表中还依据板厚对压边圈进行了设置，板厚在 4mm 以内的压边圈齿形结构可以参考传统的压边圈设计，因为 4mm 板厚以下可以视为单面压边圈精冲。压边圈的齿圈足以提供足够的静水应力来抑制撕裂。4mm 板厚以上则对传统的压边圈齿圈进行一定的改进，以保证抑制精冲撕裂的效果。表 4-5(b)为齿式凹模齿形设计参考表。表中为每个精冲塌角形成的难度评级设计了对应的齿式凹模的结构尺寸，然后依据零件外形确定精冲的塌角形成难易度后，便可选择对应的齿式凹模齿形尺寸。

需要注意的是，由于齿式凹模工作机理的限制，齿式凹模精冲只能减小塌角尺寸，并不能完全消除精冲塌角。因此，齿式凹模设计表格提供的设计尺寸均是以减小塌角高度到板厚的 10%为标准建立的。在实际精冲生产过程中，不同零件减小精冲塌角的要求并不相同，所以最终确定的齿式凹模的设计尺寸可能需要在此表基础上进行调整，以满足零件精冲生产的各项技术要求。

2. 齿式凹模精冲实验验证

为了验证齿式凹模精冲模具设计的有效性，对变速器换挡拨叉杠杆进行精冲实验。变速器换挡拨叉杠杆的方形块和枝丫部位的塌角尺寸要求严格，为了控制塌角尺寸，采用更厚的板料进行传统精冲，然后通过铣削的方法将零件厚度减薄从而减小塌角尺寸。这种方法既浪费材料，又增加工艺流程，降低生产效率，提高生产成本。同步器杠杆普通凹模精冲与齿式凹模精冲获得零件的直观比较如图 4-24 所示。

图 4-24 中，编号 1 与 3 的零件由普通凹模精冲获得，编号 2 与 4 的零件由齿式凹模精冲。从侧视图可以直观地发现，普通凹模精冲得到的零件 3 与齿式凹模精冲得到的零件 4 均具有良好的光亮带比例，即实验进一步证明，齿式凹模精冲能够实现光洁的冲压表面。

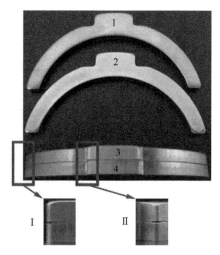

图 4-24　同步器杠杆普通凹模精冲与齿式凹模精冲获得零件的直观比较

　　为了便于量化对比普通凹模精冲与齿式凹模精冲的塌角尺寸，将不同凹模精冲得到的零件从塌角位置切开，使用光学显微镜将断面位置的塌角放大 25 倍后进行塌角尺寸的测量。普通凹模精冲与齿式凹模精冲同步器杠杆零件区域 I 与区域 II 的塌角尺寸如图 4-25 所示。

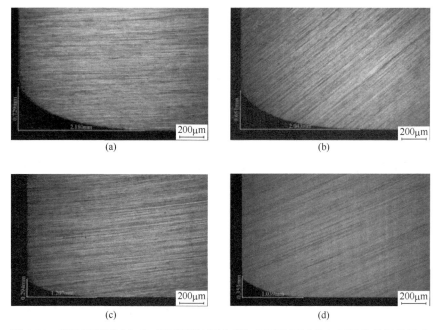

图 4-25　普通凹模精冲与齿式凹模精冲同步器杠杆零件区域 I 与区域 II 的塌角尺寸

图 4-25 (a)与图 4-25 (b)为普通凹模精冲同步器杠杆零件区域Ⅰ和区域Ⅱ的塌角尺寸，其中区域Ⅰ的塌角高度与宽度约为 0.729mm 与 2.180mm；区域Ⅱ的塌角高度与宽度约为 0.651mm 与 2.043mm。图 4-25 (c)与图 4-25 (d)为齿式凹模精冲同步器杠杆零件的区域Ⅰ和区域Ⅱ的塌角尺寸，其中区域Ⅰ的塌角高度与宽度分别约为 0.294mm 与 1.207mm；区域Ⅱ的塌角高度与宽度分别约为 0.353mm 与 1.039mm。齿式凹模精冲区域Ⅰ的塌角高度与宽度约为普通凹模精冲的 40% 与 55%；区域Ⅱ的塌角高度与宽度约为普通凹模精冲的 54%与 51%。

由此可以看出，齿式凹模精冲能够实现良好的精冲光亮带，减小精冲塌角。

4.2.6　齿式凹模模具寿命评估

1. 凸模载荷影响

在普通的强力压边精冲过程中，凸模寿命在很大程度取决于凸模在精冲过程中承受的载荷决定。三角齿普通凹模精冲与齿式凹模精冲的凸模行程载荷曲线如图 4-26 所示。

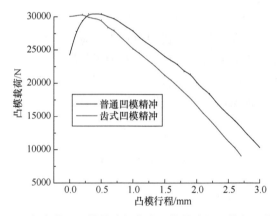

图 4-26　三角齿普通凹模精冲与齿式凹模精冲的凸模行程载荷曲线

可以发现，齿式凹模精冲的凸模总行程比普通凹模精冲小(h_1=0.2mm)，即一个齿式凹模的刃口高度的尺寸。这是因为齿式凹模在精冲开始前，便将凹模刃口齿形压入了板料，齿式凹模精冲实际精冲的板厚可以减小一个刃口高度，总的凸模行程相应减小一个刃口高度。如果将齿式凹模精冲的凸模载荷行程曲线向右平移约一个刃口高度的尺寸(h_1=0.2mm)，齿式凹模精冲与普通凹模精冲相同凸模行程中的凸模载荷曲线几乎是重合的。这表明，齿式凹模精冲不会增大凸模载荷。

2. 模具应力

模具应力状态从多个方面影响模具的寿命。拉应力可能导致模具崩刃。应力集中会降低模具的疲劳寿命。为了研究齿式凹模精冲与普通凹模精冲时的模具应力状态，我们分析三角齿精冲过程中凸模载荷最大时，普通凹模与齿式凹模等效应力分布状态。普通凹模与齿式凹模等效应力等值线图如图 4-27 所示。

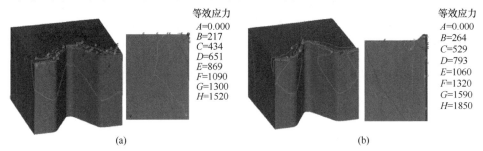

图 4-27　普通凹模与齿式凹模等效应力等值线图

可以看出，齿式凹模表面的应力状态比普通凹模更复杂，齿式凹模刃口附近应力集中的现象相对于普通凹模刃口附近更明显。从应力的大小来说，齿式凹模精冲最大等效应力要更大一些。齿式凹模复杂的应力状态，一方面来自齿式凹模的齿形结构，另外一方面来自凹模型腔本身尖锐的轮廓。

通过等效应力状态的对比可以看出，齿式凹模工作时的应力状态比普通凹模更加恶劣，应力集中现象增加了齿式凹模失效风险。

3. 模具磨损

如果精冲模具不发生意外损坏，在正常工作条件下，模具磨损是精冲模具主要的失效方式。本书使用 Archard 磨损模型模拟单次冲压下的普通凹模与齿式凹模模具磨损[25]。最终获得的模具磨损量分布云图如图 4-28 所示。

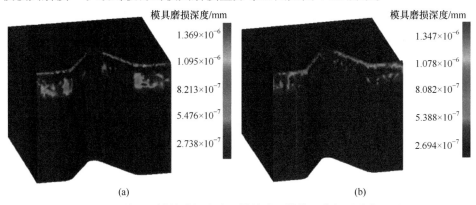

图 4-28　普通凹模精冲与齿式凹模精冲凹模模具磨损量分布云图

齿式凹模的磨损量分布特征与普通凹模并无明显的区别，模具磨损量较高的部位都集中在凹模的刃口附近，模具单次冲压的最大磨损量也比较接近。因此，齿式凹模模具磨损的风险不会比普通凹模大。

4.3　旋转精冲成形技术

在现有的精冲成形技术中，凸模与凹模的相对运动方式为直线运动，因此精冲零件为垂直断面，对于斜齿圆柱齿轮的精冲则无能为力。

在传动过程中，斜齿圆柱齿轮的啮合方式为渐进渐出，啮合面积大，传动平稳，噪声小，因此其作为一种重要的传动部件在机械传动领域得到广泛的应用[26-28]。在实际生产中，斜齿圆柱齿轮的加工工艺主要包括精密锻造与机加工，而机加工采用切削的方式耗时长，材料利用率低，且切断金属流线影响零件的综合机械性能。为了将精冲技术应用到斜齿圆柱齿轮的精密成形中，本书提出一种负间隙旋转精冲成形工艺。

4.3.1　负间隙旋转精冲基本原理

斜齿圆柱齿轮负间隙旋转精冲原理如图 4-29 所示。模型由凸模、反顶杆、凹模、V 形压边圈组成。坯料处于凸模与凹模之间。凸模的齿廓和压边圈的内齿廓都是直齿，反顶杆的齿廓和凹模内齿廓为斜齿。在模具运动时，凸模作竖直向下运动，而反顶杆与凸模同步向下运动时发生旋转。

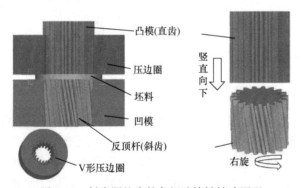

图 4-29　斜齿圆柱齿轮负间隙旋转精冲原理

4.3.2　负间隙旋转精冲变形规律

为了研究负间隙旋转精冲变形规律，进行精冲的斜齿圆柱齿轮参数如表 4-6 所示。

表 4-6　斜齿圆柱齿轮参数

齿轮	参数	数值
	齿数 z	18
	法向模数 m_n/mm	2
	压力角 α /(°)	20
	螺旋角 β /(°)	10
	齿宽 b/mm	4
	齿顶圆直径 d_a/mm	40.56
	齿根圆直径 d_f/mm	31.56

1. 静水应力分析

如图 4-30 所示，在斜齿圆柱齿轮负间隙旋转精冲成形过程中，齿形的剪切塑性变形区的应力分布始终处于压应力状态，能有效抑制材料内部裂纹的萌生。

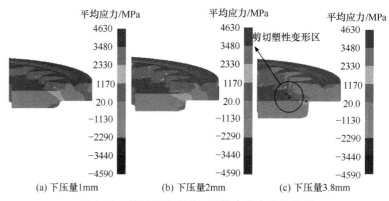

图 4-30　剪切塑性变形区的静水应力变化规律

为了精准地表示剪切塑性变形区的受力状态，采用点追踪的方法分析在不同压下量下剪切塑性变形区的受力状态。围绕齿形，点追踪取点位置及静水应力变化如图 4-31 所示。可以看出，剪切变形区环绕齿廓的静水应力始终处于负值的状态，说明板料在整个成形过程中，剪切塑性变形区一直处于静水压应力状态。

2. 材料流动

斜齿圆柱齿轮负间隙旋转精冲成形过程中的金属流动速度场变化情况如图 4-32 所示。在精冲过程中，整个坯料分为剪切塑性变形区和非剪切塑性变形区。材料流动主要发生在剪切塑性变形区。非剪切塑性变形区的材料受到剪切塑性变形区的影响会出现流动的趋势，甚至有微小的流动速度，但相比于剪切塑性变形区来说可以忽略不计[29]。

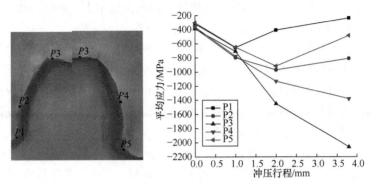

图 4-31　点追踪取点位置及静水应力变化

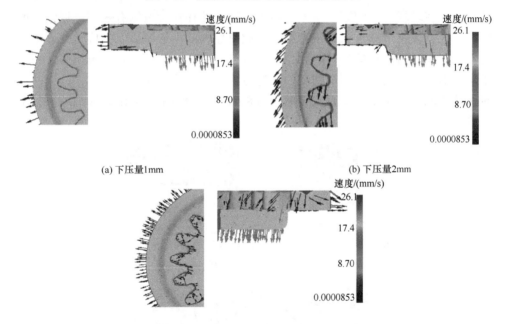

(a) 下压量1mm　　　　　　　　　　　　　　　　　(b) 下压量2mm

(c) 下压量3.8mm

图 4-32　金属流动速度场变化情况

　　根据有限元结果分析，斜齿圆柱齿轮负间隙旋转精冲成形过程中的材料流动可分为三个阶段。第一阶段如图 4-32(a)所示。刚开始发生剪切塑性变形时，材料随凸模向下流动。在非剪切塑性变形区，材料沿径向向外流动。第二阶段如图 4-32(b)所示。在剪切塑性变形区，材料以螺旋线为法向继续向下流动。剪切塑性变形区的旋转，材料之间的相互作用，导致非剪切塑性变形区材料流动的趋势也发生改变，变为沿坯料切向方向。第三阶段如图4-32(c)所示。剪切塑性变形区的材料继续以螺旋线为法向向下流动。由于剪切塑性变形区旋转角位移增大，非剪切塑性变形区材料的流动趋势变为沿齿形旋转方向呈一定角度向下。

根据对精冲过程中的金属材料流动分析，该精冲工艺有利于成形过程中的材料流动。负间隙精冲工艺与挤压工艺有相似之处，但没有出现类似于挤压过程中材料流动存在死区的现象，也未出现材料往与冲压相反方向流动，造成材料填充不足的缺陷。如图4-33所示，金属材料填充凹模的效果较好，齿形与反顶杆齿形的螺旋角度一致，齿形表面光洁无裂纹。

在反顶力为188kN，压边力为282kN的条件下，有限元模拟和实验的斜齿圆柱齿轮旋转精冲成形过程对比示意图如图4-34所示。在坯料成形的初始阶段，坯料在凹模刃口的剪切作用下逐渐进入凹模型腔。在这个过程中，塌角逐渐形成。在坯料成形的第二阶段，由于反顶力的存在，可以有效抑制塌角高度继续扩大，坯料继续进入凹模型腔内，此时坯料的齿形明显发生旋转，逐步形成斜齿。在坯料成形的最后阶段，坯料以稳定变形的形态进入凹模型腔，完成整个成形过程。由于采用负间隙的精冲方式，为了防止模具被破坏，凸模冲压时保留0.2mm的预留量，最终行程为3.8mm。实验结果与有限元模拟结果基本一致。

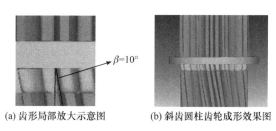

(a) 齿形局部放大示意图　　　　(b) 斜齿圆柱齿轮成形效果图

图4-33　斜齿圆柱齿轮有限元模拟结果

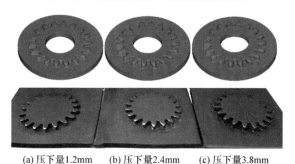

(a) 压下量1.2mm　　(b) 压下量2.4mm　　(c) 压下量3.8mm

图4-34　实验结果与有限元模拟结果的成形过程对比示意图

3. 成形断面质量

斜齿圆柱齿轮有限元模拟结果如图 4-35 所示。在凸模侧，坯料上呈现的齿形为直齿，凹模侧的齿形为带有螺旋度的斜齿。在精冲过程中，斜齿圆柱齿轮的每个齿形成形效果好，塌角高度较小，如图 4-36 所示。同时，也没有出现成形缺陷，如齿面出现凹坑、精冲件整体翘曲、精冲断面撕裂等。每个螺旋齿的两边齿侧和齿根处塌角非常小，而齿顶处塌角较大，塌角最大高度达到 0.574mm，仅占板料厚度的 14.3%。此外，齿的左右两侧塌角高度不同。

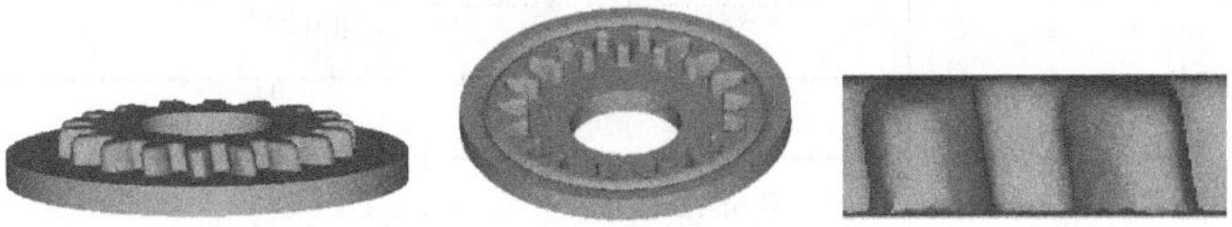

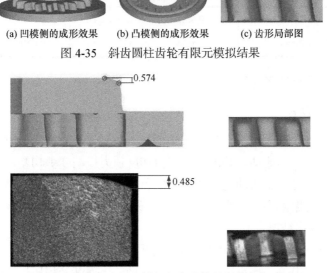

(a) 凹模侧的成形效果　　(b) 凸模侧的成形效果　　(c) 齿形局部图

图 4-35　斜齿圆柱齿轮有限元模拟结果

图 4-36　斜齿圆柱齿轮有限元模拟与实验结果塌角高度(单位：mm)

为了探究旋转精冲成形斜齿圆柱齿轮的齿形两侧塌角高度的差异，任选斜齿圆柱齿轮中的四个齿，测量其塌角并进行对比。取点位置示意图如图 4-37 所示。

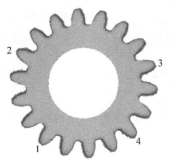

图 4-37　取点位置示意图

斜齿圆柱齿轮负间隙旋转精冲左右侧塌角高度对比如表 4-7 所示。在斜齿圆柱齿轮负间隙旋转精冲过程中，由于金属材料在下行的过程中同时发生旋转，右旋斜齿圆柱齿轮的旋转方向为逆时针方向。这种工艺特点造成每个齿的受力状态不一致，在塌角形成的过程中，每个齿的左侧靠近齿顶附近区域存在拉应力。拉应力与精冲方向相反，对材料存在牵扯作用，导致材料的流动速度减缓。因此，每个齿的左侧塌角高度大于右侧塌角高度。

表 4-7　斜齿圆柱齿轮负间隙旋转精冲左右侧塌角高度对比

项目	点的位置			
	1	2	3	4
左侧塌角高度/mm	0.6847	0.7024	0.6578	0.6565
右侧塌角高度/mm	0.5654	0.5762	0.6024	0.6012

4.3.3　工艺参数对变形的影响

1. 压边力影响

在凸模下行冲压前，通过 V 形压边圈压入材料，阻止在变形过程中靠近剪切带附近的材料随凸模流动，并配合冲压力和反顶力提高变剪切塑性变形区材料的静水压应力，同时抑制精冲过程中裂纹的萌生及扩展，从而提高精冲件质量。为了揭示压边力对塌角高度的影响规律，下面研究压边力在 0kN、91.4kN、188.4kN、282.6kN 时的成形情况。

如图 4-38 所示，在压边力过小或者为零时，精冲件出现翘曲，塌角过大，在齿顶处被撕裂的现象，严重影响精冲件的质量。当逐渐施加压边力时，翘曲现象消除，且断面没有撕裂，压边力主要影响塌角尺寸。压边力对齿廓左右侧塌角高度的影响规律如图 4-39 所示。随着压边力的增加，塌角高度减小，但压边力增加至一定值时影响减小。此时继续增加压边力对减小塌角高度的作用非常小。

(a)　　　　　　　　　　　　　(b)

图 4-38　压边力为零时的成形缺陷

2. 反顶力影响

研究反顶力为 0kN、31.4kN、98.2kN、157kN、188.4kN 时的成形情况。如

图 4-40 所示，塌角高度随反顶力增加而减小，且减小趋势非常明显，说明增大反顶力能有效地控制塌角高度。随着反顶力的增加，模具承受的载荷增大，因此在设置反顶力时，需要考虑模具结构及模具磨损等因素。同时，实验零件的塌角高度均小于有限元模拟结果

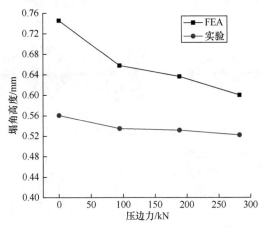

图 4-39   压边力对齿廓左右侧塌角高度的影响规律

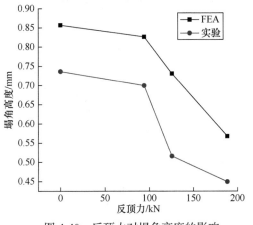

图 4-40   反顶力对塌角高度的影响

3. 坯料厚度影响

为了研究坯料厚度对精冲件的塌角高度的影响规律，分别用厚度为 3mm、4mm、5mm、6mm 的坯料进行有限元模拟，其中压边力为 282.6kN，反顶力为 188.4kN。不同坯料厚度的有限元模拟结果和实验结果如图 4-41 和图 4-42 所示。可以看出，坯料厚度为 3mm、4mm、5mm 的成形质量较好，齿形断面光洁，塌角较小。坯料厚度为 6mm 的成形质量稍差，塌角较大，齿形断面有凹痕，齿顶出现撕裂，说明在精冲后期，剪切塑性变形区出现静水拉应力，造成裂纹逐渐萌

生及扩展，最后形成撕裂。如图 4-43 所示，随着坯料厚度的增加，塌角高度逐渐增加。因此，当坯料厚度超过 5mm 后，可以增加压边力和反顶力来提高精冲质量。

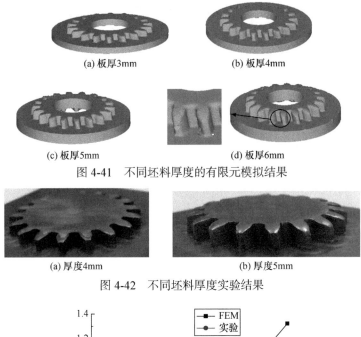

(a) 板厚3mm　　　　　　　　　　　(b) 板厚4mm

(c) 板厚5mm　　　　　　　　　　　(d) 板厚6mm

图 4-41　不同坯料厚度的有限元模拟结果

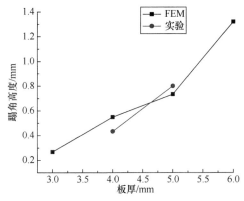

(a) 厚度4mm　　　　　　　　　　　(b) 厚度5mm

图 4-42　不同坯料厚度实验结果

图 4-43　坯料厚度对塌角高度影响

4.3.4　断面微观组织演变

1. 精冲斜齿圆柱齿轮的晶粒形态分布规律

精冲成形过程中不会发生相变，但是剪切区内部发生了剧烈的局部大塑性变形。因此，下面重点研究旋转精冲过程中金属流线及晶粒形貌的变化。精冲斜齿圆柱齿轮坯料原始晶粒形貌如图 4-44 所示。1、5 号试样的晶粒分布如图 4-45 所示。试样取样编号参见表 4-1。

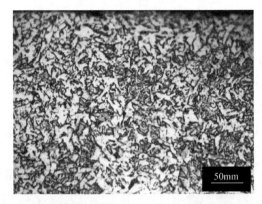

图 4-44　精冲斜齿圆柱齿轮坯料原始晶粒形貌(500 倍)

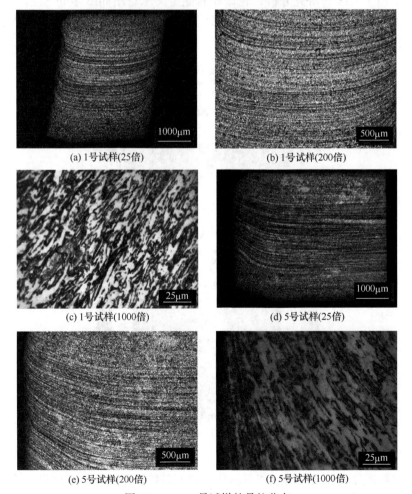

(a) 1号试样(25倍)　　　　　　　　(b) 1号试样(200倍)

(c) 1号试样(1000倍)　　　　　　　(d) 5号试样(25倍)

(e) 5号试样(200倍)　　　　　　　(f) 5号试样(1000倍)

图 4-45　1、5 号试样的晶粒分布

　　由图 4-45 可知，精冲成形完成后，轮齿的横截面及纵剖面均形成非常清晰的金属流线。该流线沿着剪切精冲的方向分布，而部分原本等轴晶粒也在剪切应力的作用下被逐渐拉长。剪切区内晶粒的变形程度与其距离剪切断面的距离成正比，即越靠近剪切断面的地方其晶粒的变形就越剧烈。

　　金属流线的形成一方面说明金属材料在成形过程中发生了一定的塑性变形，另一方面则揭示了金属材料在成形过程中的受力状态及其流动状态。精冲斜齿圆柱齿轮的剪切断面形成的金属流线具有两个非常明显的特征：一是并非所有的流线都集中到模具刃口处断裂，二是轮齿截面上的金属流线分布呈现左右不对称的形式。

　　为了便于后续的研究分析，轮齿左右侧定义示意图如图 4-46 所示。对应轮齿左右侧示意图如图 4-47 所示。下面对上述金属流线分布的两个显著特征进行深入分析。

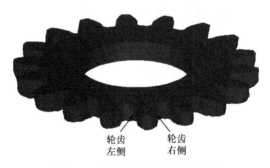

图 4-46　轮齿左右侧定义示意图

图 4-47　对应轮齿左右侧示意图

　　在成形过程中，已经成形的部分将不再参与剪切变形，因此我们选取工件板料和已成形部分交界面上的金属材料作为研究对象，分析其成形过程中的受力情况。金属材料受力模型和金属流线形成机理示意图如图 4-48 所示。在图 4-48(a)

所示的 T_0 时刻，厚度为 dx1 的金属材料刚刚结束成形过程进入凹模型腔，而厚度为 dx2 的金属材料表示即将开始成形的部分。经过 ΔT 的时间间隔，在图 4-48 (b) 所示的 $T_0+\Delta T$ 时刻，可以看到厚度为 dx2 的金属材料刚刚结束成形过程就进入凹模型腔。此外，图中 d_1 和 d_2 代表用一个垂直于观察平面的平面去截取任意一条金属流线时得到的左右两个交点与左右剪切断面的距离。

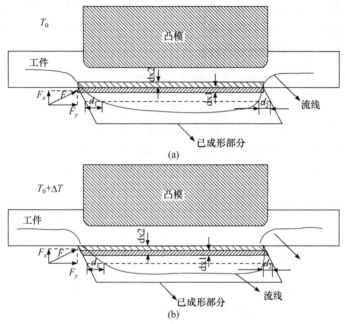

图 4-48　金属材料受力模型和金属流线形成机理示意图

　　可以看到，对于即将开始成形的金属材料来说，在凸模下行的过程中，由于受到竖直向下的冲压力的作用，这部分的金属材料会随之下行进入凹模型腔。受限于凹模型腔的结构，因此在无限短的时间内，金属材料会首先接触到凹模左侧的型腔内壁而受到来自该型腔内壁的作用力。从上往下看，在整个成形过程中，反顶板在向下运动的同时会带着凹模型腔内的金属材料做逆时针的旋转运动。该旋转运动也会使金属材料受到来自凹模型腔内壁的作用力。因此，对于正在成形的金属材料来说，会受到如图 4-48 所示的力 F 的作用。这个力将作为金属流线形成过程中金属材料发生侧向流动的主动力。对 F 进行分解，可以得到垂直于冲压方向的分力 F_x 和平行于冲压方向的分力 F_y。其中，F_x 会使金属材料水平向右运动，使原本在竖直向下的冲压力的作用下应该呈现对称分布的金属流线变成如图 4-47 所示的左右不对称结构，且表现为 $d_1 > d_2$，即齿轮轮齿左侧的金属流线出现向右逐渐远离剪切断面的现象。位于轮齿右侧的金属材料在向右运动的过程中由于受到凹模右侧型腔内壁的阻碍，该处金属流线在靠近剪切断面处聚集。平行于冲压方向竖直向上的分力 F_y 会与反顶板提供的反顶力叠加,进一步加强成形过程中工件板料受到的三向压应力状态,对工件的成形及其最终成形质量的改善起到积极的作用。

对于一条特定的金属流线,随着成形过程的继续,由于下行运动和旋转运动的复合,其与两侧剪切断面的距离越来越小。当某一时刻该流线与剪切断面相交时,流线便终止。成形过程结束后,金属流线的分布便表现为不再延伸到最后断裂的位置,而是均匀延伸并终止于剪切断面处。这样就从宏观受力的角度解释了微观层面观察到的金属流线分布特征。

2. 精冲斜齿圆柱齿轮断面显微硬度分布规律

在斜齿圆柱齿轮精冲成形过程中,其微观结构会发生改变,引起力学性能的改变,因此需要对旋转精冲成形的斜齿圆柱齿轮的断面显微硬度分布规律进行研究。由于试样在越靠近剪切断面的地方,其微观组织发生的塑性变形越剧烈,因此先对试样从心部到剪切断面的显微硬度进行测量,结果如图4-49所示。

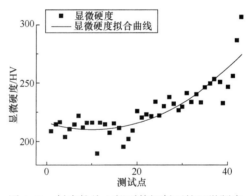

图4-49 斜齿轮从心部到剪切断面的显微硬度

该试样上显微硬度的分布从试样心部到剪切断面呈现出逐渐上升的趋势,越靠近剪切断面的地方其显微硬度值越大。金属流线的分布代表金属材料在成形过程中的流动状态。对其进行受力分析的结果表明,在轮齿截面上形成的金属流线不断地向其两侧的剪切断面延伸,因此越靠近剪切断面的地方,金属材料发生的变形越大,因此其显微硬度值也越大。

由于斜齿轮观察到的金属流线呈现出左右不对称的状态,因此对该试样轮齿的左右两侧从塌角侧到毛刺侧的显微硬度进行测量,结果如图4-50所示。

可以看到,轮齿两侧金属材料的显微硬度从塌角侧到毛刺侧均呈现出逐渐上升的趋势,并且轮齿左侧的显微硬度值相对于其右侧的显微硬度值要更大一些。这主要是轮齿左右两侧的金属材料变形不均匀所致的。当金属材料在水平向右做侧向运动时，位于轮齿右侧的金属材料将受到凹模右侧型腔的阻碍，而其左侧金属材料的运动相对自由。因此，在相同的条件下，轮齿左侧的金属材料相对于其右侧的金属材料发生了更为剧烈的流动变形，使该处的显微硬度值相对更大。

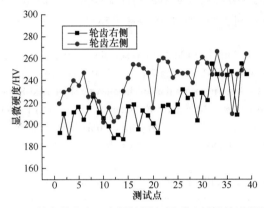

图 4-50 斜齿轮齿左、右侧从塌角侧到毛刺侧的显微硬度

参 考 文 献

[1] Mao H J, Li S J, Liu Y X, et al. An investigation on the microstructure of the fine-blanked sprocket. International Journal of Advanced Manufacture Technology, 2017, 90:3171-3185.

[2] Liu Y X, Tang B, Hua L, et al. Investigation of a novel modified die design for fine-blanking process to reduce the die-roll size. Journal of Materials Processing and Technology, 2018, (260): 30-37.

[3] 唐博. 小塌角精冲齿式凹模设计与优化研究. 武汉: 武汉理工大学硕士学位论文, 2018.

[4] 郑彬. 斜齿圆柱齿轮负间隙旋转精冲工艺研究. 武汉: 武汉理工大学硕士学位论文, 2017.

[5] Yang S, Hua L, Song Y. Numerical investigation of fine blanking of a helical gear. Applied Mechanics and Materials, 2012,(190-191):121-125.

[6] Yang S, Song Y. Effects of parameters on rotational fine blanking of helical gears. Journal of Central South University of Technology, 2014,(21):50-57.

[7] Yang S, Song Y. Numerical investigation of opposed dies shearing process on low plasticity materials. Ironmaking and Steelmaking, 2014,4(1):12-18.

[8] Xia W T, Mao H J, Hua L, et al. Numerical study on the comparison of deformation characteristics during the fine blanking process of spur gears and helical gear. Key Engineering Materials, 2015,(639):559-566.

[9] Chen Z H, Chan L C, Lee T C, et al. An investigation on the formation and propagation of shear band in fine-blanking process. Journal of Materials Processing Technology, 2003, 138: 610-614.

[10] Chen Z H, Tang C Y, Lee T C. An investigation of tearing failure in fine-blanking process using coupled thermo-mechanical method. International Journal of Machine Tools and Manufacture, 2004, 44: 155-165.

[11] Kwak T S, Kim Y J, Bae W B. Finite element analysis on the effect of die clearance on shear

planes in fine blanking. Journal of Materials Processing Tech, 2002, 130(11):462-468.

[12] Thipprakmas S. Finite-element analysis of V-ring indenter mechanism in fine-blanking process. Materials & Design, 2009, 30(3):526-531.

[13] Kwak T S, Kim Y J, Seo M K, et al. The effect of V-ring indenter on the sheared surface in the fine-blanking process of pawl. Journal of Materials Processing Technology, 2003, s 143-144(1): 656-661.

[14] Thipprakmas S, Jin M, Murakawa M. An investigation of material flow analysis in fineblanking process. Journal of Materials Processing Tech, 2007, 192(4):237-242.

[15] Lee C K, Kim Y C. A study of the die roll height of SHP-1 And SCP-1 materials in the fine blanking process. Archives of Metallurgy & Materials, 2015, 60(2):1397-1402.

[16] Klocke F, Sweeney K, Raedt H W. Improved tool design for fine blanking through the application of numerical modeling techniques. Journal of Materials Processing Tech, 1999, 115(1):70-75.

[17] Liu Y, Hua L, Mao H, et al. Finite element simulation of effect of part shape on forming quality in fine-blanking process. Procedia Engineering, 2014, 81:1108-1113.

[18] 周开华. 简明精冲手册. 北京：国防工业出版社, 2006.

[19] 吴炎林, 向华, 庄新村, 等. 基于 BP 神经网络精冲塌角高度的预测. 塑性工程学报, 2017, (6): 121-132.

[20] Huang X H, Xiang H, Zhuang X C, et al. Improvement of die-roll quality in compound fine-blanking forming process. Advanced Materials Research, 2011, 337:236-241.

[21] 宁国松. 局部精密轮廓的切挤复合精整成形机理研究及参数优化. 重庆: 重庆理工大学, 2013.

[22] 罗丞, 屈亚奇, 张祥林. 精冲塌角的成形机理与改进方法分析. 锻造与冲压, 2016, (2):29-33.

[23] Rotter F. 厚板精冲. 齐翔宪, 译. 北京：机械工业出版社, 1991.

[24] 谢晓龙, 赵震, 虞松, 等. 齿形零件精冲成形三维有限元模拟与工艺优化. 上海交通大学学报, 2006, (10): 1649-1653.

[25] Thipprakmas S. Improving wear resistance of sprocket parts using a fine-blanking process. Wear, 2011, 271: 2396-2401.

[26] Tekkaya A E, Homberg W, Brosius A. 60 Excellent Inventions in Metal Forming. Berlin: Springer, 2015.

[27] Zimmermann M, Klocke F, Schongen F, et al. Fine blanking of helical gears-finite element simulations and first experimental results. Steel Research International, 2011, s: 581-585.

[28] Klocke F, Zimmermann M, Backer V, et al. Finite element simulation of an analogy process for the fine blanking of helical gears//IEEE International Symposium on Assembly and Manufacturing, Finland, 2011: 1-6.

[29] 李建华, 张忠美. 负间隙精冲的大变形弹塑性有限元分析. 锻压技术, 2008, 33(5):167-170.

第5章 全自动液压伺服精冲装备

5.1 精冲装备结构要求

精冲压力机是专为实现精冲工艺设计制造的精冲装备，必须充分满足精冲工艺的特定要求。因此，精冲压力机需满足下列功能和结构要求。

1 能至少同时提供三种单独的作用力

精冲工艺过程是在压边力、反顶力和冲压力三个互相独立的力的同时作用或按一定顺序作用下进行的。其中，压边力和反顶力的大小需要根据具体零件精冲工艺条件，在一定范围内单独无级可调。在精冲开始时，首先在压边力的作用下用 V 形压边圈压入材料，实现压边，然后自动卸压到事先调定的大小进行保压，最后再精冲。冲压完毕滑块返程时，压边圈和反顶杆卸载复位。

随着复合精冲工艺越来越广泛的应用，为满足冷锻等成形工艺的要求，精冲装备还需要提供第四力、第五力，甚至更多的力的要求。对于第四力和第五力，一般在复合精冲模具中设置单独作用的油缸，而精冲压力机需要提供单独控制的液压油路，复合精冲时只需将精冲机的液压油路与复合精冲模具的油缸连接即可。

2. 冲压速度可调

精冲过程中的材料发生剧烈塑性变形，凸模刃口和凹模刃口与板料新生表面间摩擦产生热量。板料越厚、强度越高，润滑条件越差，产生的热量越大。为了避免刃口瞬时温升过高，一方面应改善润滑冷却条件，另一方面应限制冲压速度。随着冲压速度的降低，材料变形抗力降低、成形性能提高，可以提高精冲断面质量。一般要求精冲机的精冲速度在一定范围内无级可调，以适应精冲不同厚度、材料的零件和不同技术难度的零件。精冲的速度一般在 5～50mm/s，在良好的润滑条件下，板料越厚、强度越大、外形轮廓越复杂的零件，宜采取较低的冲压速度。

由于精冲模具和装备昂贵，精冲生产线投入非常高，因此对精冲的生产效率提出了更高的要求。目前，液压式全自动精冲机的冲压效率达到 40～80 次/min，而高速机械精冲机达到 150 次/ min，甚至更高。精冲机滑块的每分钟行程次数决定精冲的生产率，是一个重要的技术参数。为了既满足精冲工艺对冲压速度的限制，又满足提高设备生产效率的要求，必须在限制冲压速度的同时尽量加快空行程的速度。在精冲成形过程中，滑块的运动曲线如图 5-1 所示。滑块运动曲线全行程由四段组成，第 1 阶段快速工进；第 2 阶段叠料检测，为了保护精冲模具，需进行废料检测；第 3 阶段慢速冲压；第 4 阶段快速回程。

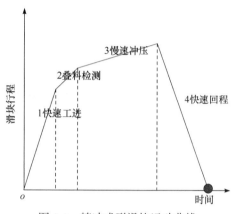

图 5-1　精冲成形滑块运动曲线

3. 机架刚度高

精冲模具凸凹模单边间隙最小达到 5μm 以下，随着精冲技术应用范围的扩大，精冲成形时最大载荷达到 10000kN 以上。在如此巨大的成形载荷下，为了保证模具运动精度和精冲零件成形精度，精冲机的机架刚度要求非常高，使其有足够的能力抵抗变形和吸收振动。对于普通冲压机而言，机架刚度一般达到 1/1000(设备额定载荷下的弹性应变)即可满足要求，而精冲机的机架刚度需要达到 1/10000 以上，是普通冲压机机架刚度要求的 10 倍。

4. 导向精度高

为了保证模具运动精度和零件成形精度，不仅要求精冲机机架具有高刚度，还要求精冲成形过程具有高导向精度。一方面确保精冲过程中凸凹模冲切零件精确对中，另一方面要求具有高的抗偏载性能，满足在精冲，尤其是复合精冲过程中承受大偏心载荷时的精度要求，否则会降低工件质量和模具寿命。

5. 滑块重复定位精度高

为了减小毛刺高度，提高模具寿命，精冲结束后凸模严禁进入凹模型腔。为了保证既将工件从条料上冲下来，凸模又不进入凹模型腔，要求精冲压力机的滑块具有较高的重复定位精度，其值不能低于±0.01mm。对于机械压力机，必须采用特殊的结构，克服滑块与肘杆连接部位的间隙和运动系统的累积误差，尽量减少满载机架的弹性变形。液压式精冲机应能精密微调滑块位置，微调精度的误差小于 0.01mm。

6. 具有灵敏可靠的模具保护装置

精冲结束后，一般采用高压气体将工件和废料吹出模具工作区域，送到传送带。在精冲生产时，由于各种误差，废料、工件有可能没有吹走而停留在模具工作区域内。这样在下一次精冲时，废料或者工件将损坏模具，甚至精冲机。为了保护精冲模具和精冲机，当工件或废料留在模具工作区域里时，要有灵敏可靠的自动检测系统，保证精冲压力机及时停止工作，避免损坏模具和精冲机。

总之，精冲装备不仅要求有很高的运动精度、刚度和稳定性，同时对剪切速度、送料、卸件、滑块上下死点的位置精度、机架弹性变形、噪声消减等都有较高的要求。改造普通的锻压设备进行精冲已经不适应当前的要求，所以本书重点介绍专用精冲压力机。

5.2　液压精冲机机械结构设计

1. 全自动液压式精冲机

图 5-2 所示为 KHF1200 型全自动液压式精冲机结构简图。主机的三维立体结构简图如图 5-3 所示。KHF1200 型精冲机是目前国内吨位最大的全自动液压精冲机。精冲机采用下传动，主油缸布置在机架的下部，压边油缸布置在精冲机的上方，反顶油缸嵌入主冲压油缸的内部。这种布置使精冲机结构紧凑。为了满足滑块的快速工进和回程，主滑块下还设计有快速油缸。快速缸体积小，运行速度快。在精冲过程中，快速油缸首先推动滑块快速上行，通过位移传感器检测到滑块运行到设定位置后进行废料检测。如果不存在废料，滑块继续上行进行冲压。此时主油缸开始工作，提供大的冲压力。同时，压边缸和反顶缸的活塞被传力杆顶着往后退。由于压边缸和反顶缸为背压缸，因此活塞后退过程中能稳定提供压边力和反顶力。

此类型的精冲机一般具有双重导向。第一重导向为主油缸的活塞与缸体之间的导向。第二重导向为滑块与机架上的导轨导向。目前应用最多的是八面导轨导向，具有很强的抗偏载能力，但是结构复杂，加工精度要求非常高。

精冲工艺要求滑块具有高的重复定位精度，液压式精冲机通过限位块限制主油缸活塞向上运行。限位块的位置可通过伺服电机驱动螺母旋转来调节。

为了实现全自动精冲，精冲机上还配有送料机构。送料机构送进步距误差不能超过 0.1mm，否则由于误差累计，在级进复合精冲成形时会导致零件不能精确定位，损坏零件和模具。目前送料机构一般采用伺服电机驱动。另外，精冲机上还配有废料剪，当条料送进到设定距离后，自动将废料剪断，以便废料的收集。

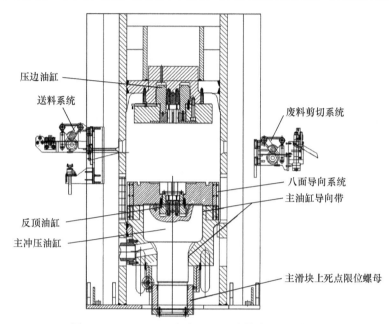

图 5-2　KHF1200 型全自动液压式精冲机结构简图

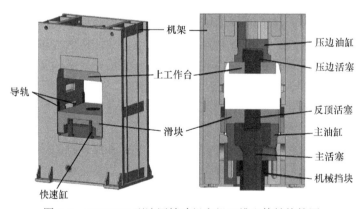

图 5-3　KHF1200 型液压精冲机主机三维立体结构简图

在全自动液压精冲机国产化之前，进口一条全自动液压精冲线投资超过千万。目前，国内自主研发的 KHF 型全自动数控精冲机达到国际先进水平，并得到广泛应用，但是基于制造成本，售价也仍然较高。由于精冲技术的先进性，经济型液压精冲机在国内应运而生，应用也非常广泛。

2. 经济型液压式精冲机

在精冲工艺应用初期,不少精冲件生产厂家对普通液压机(大多采用液压机行业的 YJ32 型液压机)进行改造,如蝶形弹簧、聚氨酯橡胶等弹性元件建立精冲需要的压边力和反顶力,或采用专用的精冲液压模架。另外,再增加一个可以提供压边力和反顶力的附加液压系统,即可实现精冲件的生产[1]。精冲液压模架产生的压边力和反顶力比采用蝶形弹簧等建立的压力更稳定,可以实现无级可调,更容易实现顶件和卸废料的不同步,但因为是后续再增加一个附属液压系统到原来的液压机上,无法实现液压控制和电气控制的总体设计,所以生产设备现场凌乱。另外,液压模架的抗偏载能力较差,不适合多工位连续精冲生产,液压模架的大小也受到液压机有效台面的限制。

为此,国内逐渐开发出专用的经济型数控精冲机。图 5-4 所示为 YJK 型精冲机结构简图,该机型为上传动精冲压力机。主油缸布置在精冲机的上部,提供主冲压力。压边缸嵌入主油缸柱塞,提供压边力。反顶油缸设计在精冲机的下部,提供反顶力。机架采用整体框架结构,滑块导向采用四角八面可调导轨,可以保证滑块导向精度和抗偏载能力。针对客户需求,还可以配置条料自动上下料装置、卷料自动上下料装置、废料剪切装置,以及吹件装置或机械手取件装置,实现自动上下料。

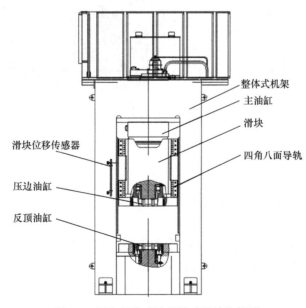

图 5-4　国产经济型液压精冲机结构简图

相比全自动精冲机,此类精冲机的冲压效率稍有不足,可以在控制系统中采用液压伺服控制技术[2,3]。由于液压伺服的按需供能特性,在快下、进料、取件等过程中，伺服电机只以很低的转速转动来保持高压齿轮泵自身的润滑，在一定程度上可以节约电能，降低生产成本。

5.2.1　精冲机机架

精冲机机架通常采用厚板焊接的整体框架式结构(图 5-5)。其加工流程是，首先将不同厚度(20～400mm)的钢板焊接在一起，然后进行整体去应力退火，最后进行整体数控精加工，以保证机架的尺寸精度。这种结构的机架具有较高的强度和刚度，并且可以为滑块提供间隙可调的平面导向结构，导向精度高、抗偏载能力强，可以满足精冲的工艺要求。此外，机架经拓扑优化和尺寸优化之后，可以达到节省材料、减轻重量、便于制造的目的[4,5]。

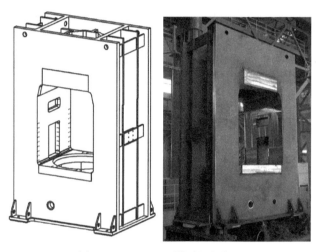

图 5-5　KHF320 型精冲机机架

5.2.2　导向系统

1. 导向结构形式

导向结构是精冲压力机的核心部件，标志着精冲机质量的好坏。液压式精冲压力机的整机导向机构可以分为四大类。

第一类为传动机构和导向机构，利用液压缸的内腔作为导轨。第二类为传动机构和导向机构分置，液压缸只传递动力，另有独立的导向机构。第三类为结合第一类和第二类的结构，既有独立的导向机构，又利用液压缸导向。第四类在第三类的基础上在上下工作台之间增加导柱导套导向。

1) 第一类导向结构

HSR 型精冲压力机(图 5-6)和国产 Y26 型精冲压力机(图 5-7)均利用液压缸导

向。其工作液压缸即导轨,将传动机构和导向机构两者结合在一起,因此结构紧凑且较为简单。

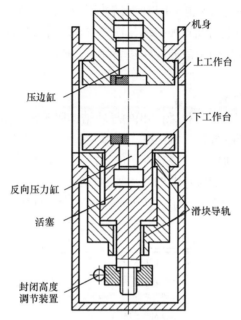

图 5-6　HSR 型精冲压力机

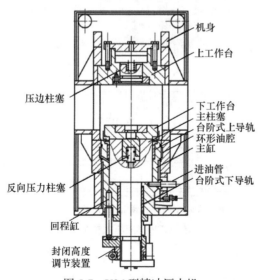

图 5-7　Y26 型精冲压力机

HSR 型精冲压力机利用液压缸作为导轨。这是一种滑动导轨结构。导轨材料为耐磨合金,可以保持导轨的精度,提高模具寿命。这种导轨的导向刚性比滚动导轨好，但导向精度较差。

Y26 型精冲压力机与 HSR 型精冲压力机基本相同，也是利用液压缸作为滑动导轨，但是导轨结构完全不同。HSR 型精冲压力机的导轨为耐磨材料，允许受偏载。在受偏载时，导轨的油膜被挤坏，柱塞和导轨直接接触。Y26 型采用台阶式内阻尼静压导轨，通过内阻尼使导轨建立静压，使柱塞和导轨面始终被油膜隔离而不接触[6]。

2) 第二类导向结构

HFP 型液压式精冲压力机(图 5-8)的导轨结构属于第二类，作为导向机构的导轨和传动机构的液压缸分置。液压缸主活塞只起液压传动的作用，导向装置为加有预压的八排滚柱导轨结构。该精冲机的主活塞为差动活塞，可使滑块快速闭合和快速回程。主泵为供油量可调的高压轴向柱塞泵，可调节闭合、冲压和回程的速度。闭合、冲压和回程为一个工作循环，即一个行程次数。

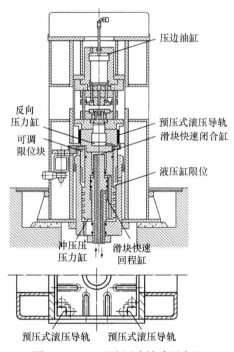

图 5-8 HFP 型液压式精冲压力机

3) 第三类导向结构

这类精冲机的导向系统兼有第一类和第二类的特色，既有独立的导轨导向机构，又利用液压缸导向。HFA 型精冲机和国产的 KHF 型精冲机均采用这种先进的导向结构形式，如图 5-9 所示。主油缸采用导向带滑动，在油缸和活塞之间设置导向带，起导向作用的同时，防止活塞与油缸直接接触造成的磨损。主滑块采用八面导向结构，具有很强的抗偏载能力，可以确保偏载作用下精冲零件的成形精度。

　　KHF 型液压式精冲机抗偏载性能测试结果如表 5-1 所示。这种导向结构形式复杂。液压缸滑块环形导轨和滑块平面导轨应严格对中且间隙均匀，所以加工精度要求极高。

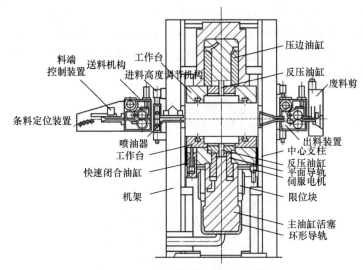

图 5-9　HFA 型液压精冲机结构简图

表 5-1　KHF 型液压式精冲机抗偏载性能测试结果

偏载测量示意图/mm	偏载载荷/kN	倾斜量/mm
	1000	0.040/600
	2000	0.086/600
	3000	0.132/600
	4000	0.179/600
	5000	0.226/600
	6000	0.272/600

4) 第四类导向结构

除上述三类导向结构，还可在第三类导向结构的基础上，在精冲压力机的上工作台和滑块间增加滚珠式导柱导套机构(图 5-10)，从而形成三重复合精密导向。这三重导向各有分工，相辅相成。第一重导向为主油缸滑动减摩导向带导向，在主活塞与主油缸之间设置滑动减摩导向带，起到扶正活塞的作用，同时避免主活塞与主油缸直接接触，降低磨损。第二重导向为主滑块八面滑动导向，具有很强的导向刚度，可以确保精冲过程不会因偏载使加工精度不足或模具受损。第三重导向为精密滚珠导柱导套滚动导向，作为三重导向的最后一重，也是距离精冲模具最近的一重导向。它具有极高的导向精度，可以确保精冲凸凹模精准对中，保证精冲产品的成形精度。

图 5-10　上下台面间增加导柱导套机构

2. 精冲压力机常用导轨结构

精冲压力机常用的导轨结构为八面导向结构。KHF 型精冲机八面导向结构示意图如图 5-11 所示。主滑块的四角设计有四个导向结构负责左右导向。在进料方向，滑块两边有四个导向结构负责前后导向。每个导向机构安装在机架上的静导轨经过整体淬火处理。安装在滑块上的动导轨采用耐磨性好的铜基合金(图 5-12)，上面的孔用于存储石墨，并且设计有油道，通过液压系统自动往滑块导轨中注射润滑油，实现导向机构自润滑，并免于维护。

八面导向机构对于导轨的安装精度要求非常高，通常情况下，导轨滑动面间隙为 5～10μm。此外，在设备长期的使用过程中，滑块导轨之间的摩擦导致滑块导轨间隙增大，从而影响导向精度、上下工作台工作面之间的平行度，以及下工作台行程上对上工作台工作面的垂直度等，严重时会降低零件的加工精度。因此，为了便于导轨的安装和调整，八面导轨结构需要对各滑动导向面间隙进行独立调整。八面滑动导轨导向精度调整示意图如图 5-13 所示。每个导向机构设计有一个楔形块，通过旋转螺栓使楔形块移动，从而调整导向面间隙。

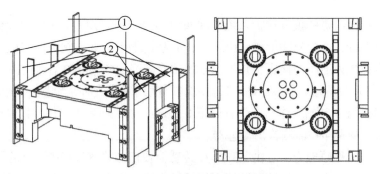

图 5-11　KHF 型精冲机八面导向结构示意图(①左右导向，②前后导向)

图 5-12　动导轨结构

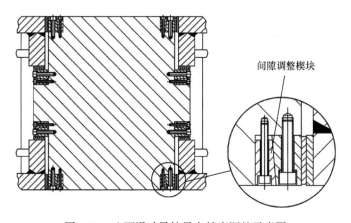

间隙调整楔块

图 5-13　八面滑动导轨导向精度调整示意图

5.2.3　模具保护系统

　　液压式精冲机的模具保护系统原理如图 5-14 所示。图中，①为快速油缸，设置于滑块下方；②为异物检测检出压力；A 为上升/下降切换阀，控制快速缸的上升和下降；B 为加压切换阀，是主油缸的切换阀门；C 为异物监测解除位置传感器，根据滑块位置进行检测，一般根据材料厚度或模具结构等调整监测解除位置，在加压切换阀 B 开始工作设定位置以下 0.2mm 左右；D 为压力传感器，测量①的油缸压力；R 为异物监测检出传感器。

　　其工作过程原理为，滑块上升至 C 传感器设定位置的过程中，D 的压力传感器会监视油缸压力。如果监测到压力超过异物监测检出压力，表明发现异物，立即停止加压切换阀 B，往主油缸注油加压，A 的阀门向下降，滑块随即下降，从而保护模具。如果监测到压力没有超过②异物监测检出压力的设定压力值，表明异物监测后没有发现异物。此时，异物监测解除位置传感器 C，解除异物检测状态，加压切换阀 B，以及快速缸切换阀 A 均保持状态不变，往主油缸供油，滑块继续上行，完成冲压。

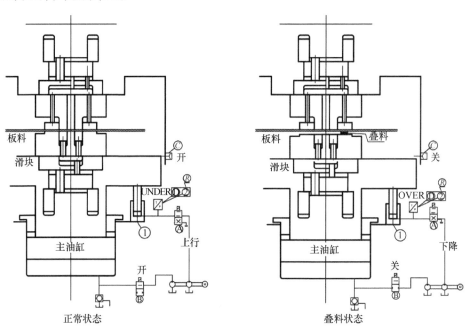

图 5-14　液压式精冲机的模具保护系统原理

5.2.4　复合精冲多力系结构

　　复合精冲时，除了需要精冲力、压边力和反顶力，还需要额外的第四力

(冷锻力)、第五力(冷锻反顶力)等实现零件的局部成形。复合精冲多力系结构原理图如图 5-15 所示。精冲机的主油缸提供精冲力与精冲运动,反顶油缸提供精冲反顶力和反顶运动,压边油缸提供压边力和压边运动。对于第四力和第五力,则根据零件成形特征,在模具相应部位设计液压油缸。在模具中设计冷锻油缸和冷锻反顶油缸,其液压力源来自精冲机的液压系统。精冲机液压系统设计有第四力、第五力的液压油路。随着精冲零件结构越来越复杂,其对于力系数量的要求越来越多,可以按照相同原理设计第六力系、第七力系。

虽然采用这种多力系结构会使模具结构变复杂,模具加工成本升高,但是通过一次冲压即可成形复杂形状的中厚板结构件(如变速器、发动机、离合器、制动器等传动制动结构件),避免后续的机加工工序,则能提高生产效率,以及零件的尺寸精度、尺寸一致性、力学性能。这对于大批量生产的中厚板结构件具有良好的技术经济性。

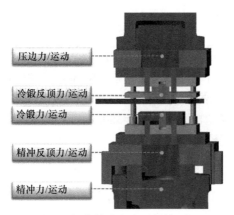

压边力/运动

冷锻反顶力/运动

冷锻力/运动

精冲反顶力/运动

精冲力/运动

图 5-15 复合精冲多力系结构原理图

5.3 精冲机液压系统设计与节能优化

5.3.1 精冲机液压系统设计

对于精冲机的压边和反顶液压回路,为了满足压边力和反顶力恒定的要求,压边和反顶液压回路是简单的背压回路。影响精冲机性能的主要是推动主滑块运动的主冲压油路。为满足精冲机快响应大吨位等性能要求,常采用快速缸加主缸结构回路实现高压重载冲压成形[7]。因此,本书针对 KHF1200 型精冲机(主冲压力为 12000kN),重点阐述主冲压油路的设计计算。

1. 液压系统的主要参数计算

压力的选择要根据载荷大小和设备类型而定，在载荷一定的情况下工作压力选得较低，会导致设备动力不足，造成无法正常工作的严重问题。工作压力选得高，必定要加大执行元件的结构与强度，同时也要提高设备制造精度，消耗更多的制造材料，加大制造成本。

根据推荐的各种机械常用的系统工作压力，初选快速缸的工作压力为20MPa，主缸的工作压力为25MPa。

1) 快速缸的尺寸计算

根据快速缸液压系统的技术参数要求，快速缸承受最大负载为 F_1=240kN，初选快速缸液压系统的工作压力为 P_1=20MPa，快速缸采取对称布置，设置在滑块的四个顶角处，可以求出每个快速缸的有效工作面积 A_1，即

$$A_1 = \frac{1}{4} \times \frac{F_1}{P_1} = \frac{2.4 \times 10^5 \, \text{N}}{4 \times 20 \times 10^6 \, \text{Pa}} = 3 \times 10^{-3} \, \text{m}^2 \tag{5-1}$$

快速缸的内径 D_1 为

$$D_1 = \sqrt{\frac{4A_1}{\pi}} = \sqrt{\frac{4 \times 3 \times 10^{-3} \, \text{m}^2}{\pi}} \approx 61.8 \text{mm} \tag{5-2}$$

根据液压缸内径及活塞杆外径尺寸系列(GB/T 2348—1993)，快速缸内径取整为 D_1=63mm。快速缸活塞杆外径 d_1=0.7D_1=44.1mm，根据活塞杆外径尺寸系列，取整为 d_1=45mm。快速缸的行程为 H_1=300mm，可选型为 HSG 型。

快速缸活塞杆强度校核公式为

$$\sigma_1 = \frac{F_1}{4 \times \frac{\pi d_1^2}{4}} \leqslant [\sigma] \tag{5-3}$$

活塞杆材料为碳钢，$[\sigma]$=100 MPa ～120MPa，所以有

$$\sigma = \frac{2.4 \times 10^5 \, \text{N}}{4 \times \frac{\pi \times 45^2 \times 10^{-6} \, \text{m}}{4}} = 37.75 \text{MPa} \leqslant [\sigma] \tag{5-4}$$

快速缸活塞杆强度符合要求。

2) 快速缸的实际工作压力

由于已经选定快速缸内径 D_1=63mm，快速缸活塞杆外径 d_1=45mm，则可计算出快速缸的实际工作压力，即

$$P_3 = \frac{F_1}{4 \times \frac{\pi D_1^2}{4}} = \frac{2.4 \times 10^5 \, \text{N}}{4 \times \frac{\pi \times 63^2 \times 10^{-6} \, \text{m}}{4}} = 19.26 \text{MPa} \tag{5-5}$$

3) 快速缸液压系统的流量计算

根据快速缸液压系统的技术参数要求，快速缸快速上行的最大速度 V_1=200mm/s，检测上行的最大速度 V_2=50mm/s，快速下行的最大速度 V_5=200mm/s。取快速缸内径 D_1=63mm，快速缸活塞杆外径 d_1=45mm，那么快速缸在快速上行所需的最大流量 Q_1 为

$$Q_1 = V_1 \times 4 \times \frac{\pi D_1^2}{4} = 149.63 (\text{L/min}) \tag{5-6}$$

快速缸在检测上行过程中所需的最大流量 Q_2 为

$$Q_2 = V_2 \times 4 \times \frac{\pi D_1^2}{4} = 37.41 (\text{L/min}) \tag{5-7}$$

快速缸在快速下行过程中所需最大流量 Q_5 为

$$Q_5 = V_5 \times 4 \times \frac{\pi (D_1^2 - d_1^2)}{4} = 73.29 (\text{L/min}) \tag{5-8}$$

4) 主缸的尺寸计算

根据主缸液压系统的技术要求，主缸提供的总压力为 F_2=12000kN，初选主缸液压系统的工作压力 P_2=25MPa。主缸设计为单出单作用液压缸，可以求出主缸的有效工作面积 A_2 为

$$A_2 = \frac{F_2}{P_2} = \frac{1.2 \times 10^7 \text{N}}{25 \times 10^6 \text{Pa}} = 0.48 \text{m}^2 \tag{5-9}$$

大吨位精冲机提供的总压力较大，有效工作面积也较大，根据液压缸内径及活塞杆外径尺寸系列(GB/T 321—2005 中 R20 数系选用)，主缸内径取 D_2=950mm 时，主缸活塞杆外径取 d_2=500mm 时，主缸的有效工作面积与 A_2 最为接近。

主缸活塞杆强度校核公式为

$$\sigma_2 = \frac{F_2}{\dfrac{\pi d_2^2}{4}} \leqslant [\sigma] \tag{5-10}$$

活塞杆材料为碳钢，$[\sigma]$=100 MPa～120MPa，所以有

$$\sigma = \frac{1.2 \times 10^7 \text{N}}{\dfrac{\pi \times 500^2 \times 10^{-6}}{4}} = 61.15 \text{MPa} \leqslant [\sigma] \tag{5-11}$$

主缸活塞杆强度符合要求。

5) 主缸的实际工作压力

由于已经选定主缸内径 D_2=950mm，主缸活塞杆外径 d_2=500mm，因此可计

算出主缸的实际工作压力为

$$P_4 = \frac{F_2}{\frac{\pi D_2^2 - \pi d_2^2}{4}} = \frac{1.2 \times 10^7 \text{N}}{\frac{\pi \times 950^2 - \pi \times 500^2}{4} \times 10^{-6}\text{m}} = 23.43\text{MPa} \tag{5-12}$$

6) 主缸液压系统的流量计算

根据主缸液压系统的技术参数要求，最大冲压速度 V_3=30mm/s。另外，主缸内径 D_2=950mm，主缸活塞杆外径 d_2=500mm，那么快速缸在快速上行过程中所需的最大流量为

$$Q_3 = V_3 \times \frac{\pi(D_2 - d_2)^2}{4} = 922.45(\text{L} / \text{min}) \tag{5-13}$$

2. 液压系统的关键液压元件选型

大吨位精冲机主冲压液压系统由快速缸液压系统和主缸液压系统组成，工况也较为复杂，分为快速上行、检测上行、低速冲压、泄压、快速下行五个阶段。快速缸和主缸液压系统压力流量设计计算结果如表 5-2 和 5-3 所示。这两个液压子系统所需的压力和流量差别较大，阀类液压元件可以根据两个液压子系统的最大流量和最大压力来选型，但是液压泵和驱动电机的规格如果按照系统的最大流量和最大压力来选型，那么必然存在极大的能量浪费，并且系统发热严重，会降低生产效率。这里液压泵和驱动电机的选型是根据子系统在一个精冲周期内的平均流量来选取的。为了保证液压系统所需流量能够达到设计峰值，本书在两个液压子系统中均设计了蓄能器作为辅助动力源，当滑块以较低的速度工作时，液压泵输出的多余的液压油通过蓄能器贮存起来，当滑块以最大速度运动时，蓄能器将贮存起来的压力油释放出来，与液压泵一同供能，从而实现滑块的快速动作。这样就可以选择一个功率相对较小的泵和电机来满足设计需求，使整个液压系统的尺寸小、重量轻、成本低，同时有效减小液压系统的发热。因此，在对两个液压子系统中的液压元件进行选型时，液压泵和驱动电机的选型与蓄能器的选型是紧密联系的。

表 5-2　快速缸液压系统压力流量设计计算结果

滑块运动阶段	设计流量/(L/min)	设计压力/MPa
快速上行	149.63	
检测上行	37.41	
低速冲压	0	20
泄压	0	
快速下行	73.29	

表 5-3　主缸液压系统压力流量设计计算结果

滑块运动阶段	设计流量/(L/min)	设计压力/MPa
快速上行	0	
检测上行	0	
低速冲压	922.45	25
泄压	0	
快速下行	0	

1) 快速缸液压系统中液压泵和驱动电机的选型

在一个工作循环周期中，液压系统平均流量 Q_m 的计算公式为

$$Q_m \geqslant \frac{\sum_{i=1}^{n} Q_i T_i}{T} \times 60K(\text{L}/\text{min}) \tag{5-14}$$

其中，$\sum_{i=1}^{n} Q_i T_i$ 为一个工作周期内耗油量之和；K 为泄漏系数，一般取 1.2；T 为系统的工作阶段。

液压泵和驱动电机既可以选一台，也可以选数台，但其总流量 $\sum Q_p$ 应等于一个工作循环内的平均流量 Q_m。

关于精冲周期 T 和精冲工艺过程中各个阶段 T_i 的取值，可以根据精冲行程次数计算工艺求解，即

$$n = \frac{60}{T} = \frac{60}{\dfrac{H-2.3S}{V_1} + \dfrac{S}{V_2} + \dfrac{S^*}{V_3} + T_4 + \dfrac{H}{V_5}} \tag{5-15}$$

其中，n 为单周期内最大冲压次数，取 42；H 为滑块总行程，取 80mm；S 为板料厚度，取 8mm；S^*为冲压行程，$S^*=1.3S=1S$(板料厚度)+0.3S(齿圈与模具的距离)；$T_1=(H-2.3S)/V_1$ 为滑块快速上行阶段时间，单位 s；$T_2=S/V_2$ 为滑块检测上行阶段时间，单位 s；$T_3=S^*/V_3$ 为滑块低速冲压阶段时间，单位 s；T_4 为主缸泄压阶段时间，单位 s；$T_5=H/V_5$ 为滑块快速下行阶段时间，单位 s；$V_1 \sim V_5$ 为滑块在五个阶段的最大运动速度。

根据式(5-15)，可以求出一个精冲周期内五个阶段所用的时间，即

$$T_1 = \frac{H-2.3S}{V_1} = \frac{80\text{mm}-2.3 \times 8\text{mm}}{200\text{mm/s}} = 0.308\text{s} \tag{5-16}$$

$$T_2 = \frac{S}{V_2} = \frac{8\text{mm}}{50\text{mm/s}} = 0.160\text{s} \tag{5-17}$$

$$T_3 = \frac{S^*}{V_3} = \frac{1.3 \times 8\text{mm}}{30\text{mm/s}} = 0.347\text{s} \tag{5-18}$$

$$T_5 = \frac{H}{V_5} = \frac{80\text{mm}}{200\text{mm/s}} = 0.400\text{s} \tag{5-19}$$

$$T_4 = \frac{60}{n} - T_1 - T_2 - T_3 - T_5 = 0.185\text{s} \tag{5-20}$$

$$T = \frac{60}{n} = T_1 + T_2 + T_3 + T_4 + T_5 = 1.400\text{s} \tag{5-21}$$

将表 5-2 所示的计算结果，以及式(5-16)～式(5-21)的计算结果代入式(5-14)，可以求出快速缸液压系统在一个精冲周期内的平均流量 Q_{m1}，即

$$
\begin{aligned}
Q_{m1} &\geqslant \frac{Q_1 T_1 + Q_2 T_2 + Q_3 T_3 + Q_4 T_4 + Q_5 T_5}{T} \times K \\
&= \frac{149.63\text{L/min} \times 0.308\text{s} + 37.41\text{L/min} \times 0.16\text{s} + 73.29\text{L/min} \times 0.4\text{s}}{1.4\text{s}} \times 1.2 \\
&= 69.76\text{L/min}
\end{aligned}
\tag{5-22}
$$

根据上述结果，要求快速缸液压泵的流量不低于 69.76L/min，工作压力为 20MPa。查阅相关高压内啮合齿轮泵样本，选取液压泵的型号为 IPV5-50-111，其额定压力为 32MPa，额定排量为 50mL/r，额定转速为 1500r/min，因此流量为

$$Q_{m1} = qn = 50\text{mL/r} \times 1500\text{r/min} = 75\text{L/min} \tag{5-23}$$

根据式(5-23)的计算结果，快速缸液压泵的额定流量 Q_{m1} 约为快速缸最大流量 Q_1 的一半。在相同工况下，蓄能器的设计能够为快速缸液压系统节省约一半的能耗，节能设计效果明显。

关于快速缸驱动电机的选择，首先要确定驱动电机的功率，根据工作压力和流量得出驱动电机的功率，即

$$P = \frac{P_1 Q_{m1}}{\eta} = \frac{20\text{MPa} \times 75\text{L/min}}{0.8} = 31.25\text{ kW} \tag{5-24}$$

查阅相关驱动电机样本，选择快速缸驱动电机的型号为 Y200M-4。它的额定功率为 37kW，同步转速为 1500r/min。

2) 快速缸液压系统中蓄能器的选型和参数设置

关于快速缸蓄能器的选型和参数设置，主要是确定蓄能器的总容积 V_{01}、最高工作压力 P_{max1}、最低工作压力 P_{min1}、充气压力 P_{01}。蓄能器的总容积 V_0，即充气容积，根据波意耳定律可得

$$P_0 V_0^n = P_{min} V_{min}^n = P_{max} V_{max}^n = C \tag{5-25}$$

即

$$V_0 = \frac{V_w}{P_0^{0.715}\left[\left(\dfrac{1}{P_{\min}}\right)^{0.715} - \left(\dfrac{1}{P_{\max}}\right)^{0.715}\right]} \tag{5-26}$$

其中，P_0 为充气压力，绝热条件下 $P_0=0.471P_{\max}$；$P_{\min}$ 为最低工作压力，对要求压力相对稳定性较高的系统，要求 $P_{\min}$ 和 $P_{\max}$ 的差值尽量在 1MPa 左右；$P_{\max}$ 为最高工作压力，以上压力均为绝对压力，相应的气体容积分别为 V_0、$V_{\min}$、$V_{\max}$；n 为指数，绝热过程 n=1.4(对氮气或空气)，$1/n$=0.715；V_w 为有效工作容积，$V_w=V_{\max}-V_{\min}$。

在快速缸液压系统中，蓄能器的几个工作压力为

$$P_{\max 1} = P_1 = 20\text{MPa} \tag{5-27}$$

$$P_{\min 1} = P_{\max 1} - 1 = 19\text{MPa} \tag{5-28}$$

$$P_{01} = 0.471P_{\max 1} = 9\text{MPa} \tag{5-29}$$

对于作为辅助动力源的蓄能器，有效容积 V_w 可以按照下式粗算，即

$$V_w = \sum_{i=1}^{n} V_i K - \frac{\sum Q_p t}{60} \tag{5-30}$$

其中，$\sum_{i=1}^{n} V_i$ 为最大耗油量时，各执行元件耗油量的总和；K 为系统泄露系数，一般取 K=1.2；$\sum Q_p$ 为泵站总供油量；t 为泵的工作时间。

将表 5-2 中的流量 Q_1、式(5-16)和式(5-23)的计算结果代入式(5-30)，可以求出快速缸蓄能器的有效工作容积 V_{w1}，即

$$\begin{aligned}
V_{w1} &= Q_1 T_1 K - Q_{m1} T_1 \\
&= 149.63 \times 0.308 \times 1.2 - 75 \times 0.308 \\
&= 0.537\text{L}
\end{aligned} \tag{5-31}$$

将式(5-27)~式(5-31)的计算结果代入式(5-26)，可以求出快速缸蓄能器的总容积 V_{01}，即

$$V_{01} = \frac{0.537}{9^{0.715}\left[\left(\dfrac{1}{19}\right)^{0.715} - \left(\dfrac{1}{20}\right)^{0.715}\right]} = 25.37\text{L} \tag{5-32}$$

查阅相关囊式蓄能器样本，结合式(5-27)~式(5-29)、式(5-32)中的计算结果，选择 NXQ-A-26/315-F-Y 型快速缸，它的容积为 26L，压力为 31.5MPa，充气压力为 9MPa，最低工作压力为 19MPa，最高工作压力为 20MPa。

3) 主缸液压系统中液压泵和驱动电机的选型

如表 5-3 所示，主缸液压系统只在低速冲压阶段提供压力和流量。在其他四个阶段，主缸液压系统处于被动状态或泄压状态，主缸通过充液阀补充油。因此，主缸液压泵和驱动电机的型号仍然根据系统的平均流量选择。将表 5-3 中的计算结果，以及式(5-16)～式(5-21)的计算结果代入式(5-14)中，可以求出主缸液压系统在一个精冲周期内的平均流量 Q_{m2} 为

$$\begin{aligned} Q_{m2} &\geqslant \frac{Q_1 T_1 + Q_2 T_2 + Q_3 T_3 + Q_4 T_4 + Q_5 T_5}{T} \times K \\ &= \frac{922.45 \times 0.347}{1.4} \times 1.2 \\ &= 274.36 \text{L/min} \end{aligned} \tag{5-33}$$

根据上述计算结果，主缸液压泵的流量不低于 274.36L/min，工作压力为 25MPa。查阅相关高压内啮合齿轮泵样本，选取液压泵的型号为 IPV7-200-111，它的额定压力为 32MPa，额定排量为 200mL/r，额定转速为 1500r/min，因此流量为

$$Q_{m2} = qn = 200 \times 1500 = 300 \text{L/min} \tag{5-34}$$

根据式(5-34)的计算结果，主缸液压泵的额定流量 Q_{m2} 约为主缸最大流量 Q_3 的三分之一。在相同的工况下，蓄能器的设计能够为主缸液压系统节省约三分之二的能耗，节能设计效果十分显著。

关于主缸驱动电机的选择，根据相同方法得出的驱动电机功率为

$$P = \frac{P_2 Q_{m2}}{\eta} = \frac{25 \times 200}{0.8} = 104.17 \text{ kW} \tag{5-35}$$

查阅相关驱动电机样本，选择主缸驱动电机的型号为 Y280S-4，它的额定功率为 110kW，同步转速为 1500r/min。

4) 主缸液压系统中蓄能器的选型和参数设置

在主缸液压系统中，蓄能器同样充当辅助动力源，所以根据式(5-26)，在主缸液压系统中，蓄能器的几个工作压力为

$$P_{\max 2} = P_2 = 25 \text{MPa} \tag{5-36}$$

$$P_{\min 2} = P_{\max 2} - 2 = 23 \text{MPa} \tag{5-37}$$

$$P_{02} = 0.471 P_{\max 2} = 11 \text{MPa} \tag{5-38}$$

将表 5-3 中的流量 Q_3，以及式(5-18)、式(5-34)的计算结果代入式(5-29)，可以求出主缸蓄能器的有效工作容积 V_{w2}，即

$$
\begin{aligned}
V_{w2} &= Q_3 T_3 K - Q_{m2} T_3 \\
&= 922.45 \times 0.347 \times 1.2 - 300 \times 0.347 \\
&= 4.67 \text{L}
\end{aligned}
\tag{5-39}
$$

将式(5-36)~式(5-39)中的计算结果代入式(5-26)，可以求出主缸蓄能器的总容积，即

$$
V_{02} = \frac{4.67}{12^{0.715} \times \left[\left(\dfrac{1}{23} \right)^{0.715} - \left(\dfrac{1}{25} \right)^{0.715} \right]} = 128.49 \text{L}
\tag{5-40}
$$

查阅相关囊式蓄能器样本，结合式(5-36)~式(5-38)、式(5-40)中的计算结果，选择 NXQ-A-130/315-F-Y 快速缸，它的容积为 130L，压力为 31.5MPa，充气压力为 11MPa，最低工作压力为 23MPa，最高工作压力为 25MPa。

5) 主冲压液压系统中阀类液压元件的选型

主冲压液压系统中阀类液压元件的选型，主要根据该液压元件的最大工作压力和最大工作流量，查阅液压元件产品样本中的额定压力与额定流量来确定，使选择的液压元件能够满足其工况，但又不会超过太多。具体阀类液压元件的通径规格如表 5-4 和表 5-5 所示。

表 5-4　快速缸液压系统中阀类液压元件的选型

阀类液压元件		数量	最大工作流量/(L/min)	最大工作压力/MPa	通径规格/mm
CV1	方向控制功能盖板	1	75		16
	方向控制功能插件	1			16
Y1	电磁溢流功能盖板	1	75		16
	压力控制功能插件	1			16
	二位四通电磁换向阀	1			6
Y2	方向控制功能插件	1	149.63	20	16
	无泄漏电磁阀	1			6
	方向控制功能盖板	1			16
Y3	伺服比例阀	2	149.63		10
Y4	二位四通电磁换向阀	1	73.29		16

表 5-5 主缸液压系统中阀类液压元件的选型

阀类液压元件		数量	最大工作流量/(L/min)	最大工作压力/MPa	通径规格/mm
CV2	方向控制功能盖板	1	300		32
	方向控制功能插件	1			32
PV	充液阀	1	7150		250
RV	方向控制功能盖板	1	922.45		40
	压力控制功能插件	1			40
Y5	电磁溢流功能盖板	1	300		32
	压力控制功能插件	1			32
	二位四通电磁换向阀	1			6
Y6	方向控制功能插件	1	922.45	25	40
	无泄漏电磁阀	1			6
	方向控制功能盖板	1			40
Y7	比例节流阀	1	922.45		40
Y8	电磁溢流功能盖板	1	922.45		40
	压力控制功能插件	1			40
	二位四通电磁换向阀	1			6
Y9	二位四通电磁换向阀	1	—		6

6) 主冲压液压系统管道尺寸的计算与选型

管道对液压回路的整体性能有非常重要的作用，管道选粗了，管道的通流能力就不能完全发挥出来，而且会增加系统的振动；管道直径选得过小会阻碍正常的通流，影响液压缸的工作状态。由于快速缸液压系统与主缸液压系统的工作流量不同，在两个子系统中，以蓄能器和液压执行元件为分界，各个部分的工作流量也各不相同。根据式(5-41)计算液压系统各个部分的管道内径，即

$$d = \sqrt{\frac{4Q}{\pi v}} \qquad (5\text{-}41)$$

其中，v 为管道流速的允许值。

本次设计计算过程中，压力管道 $v=5\text{m/s}$，回油管道 $v=5\text{m/s}$。查阅《机械设计手册第 5 卷》的管件设计标准进行选型[8]，整理结果如表 5-6 和表 5-7 所示。

表 5-6　快速缸液压系统各部分管径的选型

管路部分	计算内径/mm	内径/mm	外径/mm
液压泵到蓄能器	17.8	20	28
蓄能器到快速缸	25.2	32	42
快速缸到油箱	17.6	20	28

表 5-7　主缸液压系统各部分管径的选型

管路部分	计算内径/mm	内径/mm	外径/mm
液压泵到蓄能器	35.7	40	50
蓄能器到主缸	62.5	65	75

7) 油箱有效容积的计算

根据油箱的有效容积取液压泵流量的 5 倍计算，有

$$V_{油} = 5Q = 5(Q_{m1} + Q_{m2}) = 1875 \tag{5-42}$$

5.3.2　精冲机液压系统节能优化

精冲机液压系统设计功率是同吨位普通液压机的两倍。尤其是中大型液压精冲机的电机设计功率通常高达 200 kW～300 kW，若精冲机能量利用率与普通精冲机一样低(7%)，其液压系统能量损耗会转化为大量热量，使油温上升，不但会导致元件内、外泄漏增加，而且会增大冷却系统能量消耗[9]。同时，还会对液压系统元件与油液寿命造成极大威胁，因此对于精冲机液压系统进行节能研究十分有必要。精冲机液压系统原理示意图如图 5-16 所示。

精冲机液压回路是典型的高压快响应液压系统。在整个冲压过程中，两个回路能量的传递、转化，以及损耗都是类似的(图 5-16)。为直观描述其能量流动及耗散过程，我们建立如图 5-17 所示的精冲机液压系统能量流动关系图，由输入电能开始经过电机、泵、液压缸等元件最终转换为零部件成形能[10]。能量损失主要有机械损失、节流损失、溢流损失、管道损失等。这些损失能量最终会转化为热量，绝大部分都会被油液吸收，导致油温上升。

液压系统的基本组成元素是液压元部件，而液压元部件也是能量转化基本单元，因此分析液压系统元部件能量转换是分析系统能量流动规律的基础。液压系统输入能量最终转化为零部件成形能和热能，因此本书基于元件损失对液压系统能量损失进行分析。快速缸与主缸精冲机液压系统均由电机、泵、液压缸、管道、液压阀、蓄能器等元件组成。因此，精冲机高-低压液压系统总能量损失为

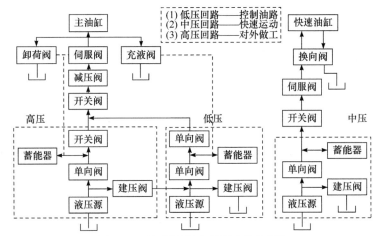

图 5-16 精冲机液压系统原理示意图

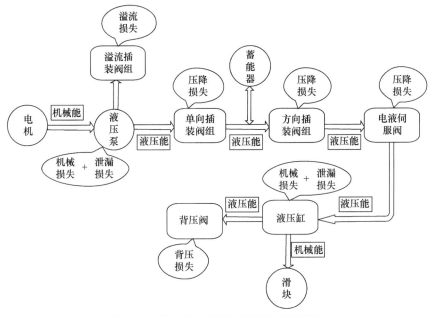

图 5-17 精冲机液压系统能量流动关系图

$$\Delta E = \sum_{i=0}^{n}\int_{0}^{T} p_e(t)\mathrm{d}t + \sum_{i=0}^{n}\int_{0}^{T} p_b(t)\mathrm{d}t + \sum_{i=0}^{n}\int_{0}^{T}\left(p_j(t)\mathrm{d}t + p_f(t)\mathrm{d}t\right)$$
$$+ \sum_{i=0}^{n}\int_{0}^{T} p_c(t)\mathrm{d}t + \sum_{i=0}^{n}\int_{0}^{T} p_m(t)\mathrm{d}t + \sum_{i=0}^{n}\int_{0}^{T} p_y(t)\mathrm{d}t + \sum_{i=0}^{n}\int_{0}^{T} p_d(t)\mathrm{d}t \tag{5-43}$$

其中，p_e 为电机功率损失；p_b 为液压泵总功率损失；p_j 为管道沿程功率损失；

p_f 为管道局部损失；p_c 为液压阀总功率损失；p_m 为蓄能器功率损失；p_y 为液压缸功率损失。

1) 电机功率损失模型

电机是把电能转换成机械能的元件。工作期间会不可避免地产生功率损失。标准异步电机功率损失计算包含两个关键参数 k_1 和 k_2。电机功率损失 p_e 可以表示为

$$p_e = p_n\left[k_1 + k_2 \cdot \left(\frac{p_u}{p_n}\right)\right] \tag{5-44}$$

其中，p_n 为电机名义功率；k_1 和 k_2 为电机性能常值参数；p_u 为电机轴输出功率。

2) 液压泵功率损失模型

齿轮泵功率损失主要包括容积损失和机械损失，分别体现输出流量损失与转矩损失。容积损失可以通过容积效率反映，主要由泄露、空穴、油液压缩引起。机械损失可以通过机械效率表示，主要由油液、齿轮间的摩擦引起。

$$\eta_v = \frac{q_t - \Delta q}{q_t} = 1 - \frac{1000C_s \cdot \Delta q}{\mu \cdot n_p} \tag{5-45}$$

$$\eta_m = \frac{T_{\text{out}}}{T_{\text{in}}} = \frac{T_{\text{out}}}{T_{\text{in}} + T_{\text{fic}}} \tag{5-46}$$

其中，q_t 为理论输出流量；n_p 为电机输出轴的转动速度；C_s 为流量泄露系数；μ 为油液的动黏性系数；Δq 为液压泵进出口的压力差；T_{out} 为液压泵输出转矩；T_{in} 为液压泵输入转矩；T_{fic} 为液压泵内部摩擦损失。

实际上，工作压力对齿轮容积效率和机械效率有很大的影响。参考工业齿轮泵性能说明，工作压力 P 与 η_v、η_m 有图 5-18 所示的关系。

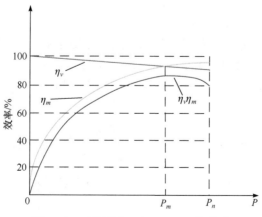

图 5-18　工作压力 P 与 η_v、η_m 的关系

因此，液压泵总功率损失 p_b 可以表示为

$$p_b = p_u(1 - \eta_v \eta_m) \tag{5-47}$$

其中，p_u 为电机轴输出功率。

3) 管道功率损失模型

当高压油通过管道，会产生功率耗散。其功率损失主要包括摩擦造成的沿程损失，以及经管道连接处的扩张、紧缩、弯曲等引起的局部损失。

沿程损失 p_j 可表示为

$$p_j = \lambda \frac{d}{l} \frac{\rho v^2}{2} \tag{5-48}$$

其中，λ 为管道阻性系数；d 为管道直径；l 为管道长度；v 为管道中油液平均速度。

局部损失 p_f 可以表示为

$$p_f = \xi \frac{\rho v^2}{2} \tag{5-49}$$

其中，ξ 为局部阻尼系数。

4) 液压阀功率损失模型

插装阀由于通流量大、响应快、泄露少、压力损失小等优良特性被广泛应用于液压系统。在精冲机主液压系统中也同样大量应用，因此其能量损失也不能忽视。配备不同功能盖板后可以起到流量、压力、方向控制作用。不同功能插装阀如图 5-19 所示(1 bar=10^5Pa)。

三种控制阀在精冲机液压系统中均得到应用。当高压液压油通过这些阀门时，由于阀节流作用，会产生较大能量消耗。其中，阀芯位移动态力学方程为

$$m_2 \frac{dx^2}{dt^2} + B \frac{dx}{dt} + K_s(x + x_0) = P_a A_a + P_b A_b - P_c A_c \tag{5-50}$$

其中，m_2 为阀芯质量；B 为阀芯与阀套之间摩擦系数；K_s 为弹簧刚度；x_0 为弹簧预压位移；A_a 为液压阀 A 口面积；A_b 为液压阀 B 口面积；A_c 为液压阀 C 口面积；P_a 为液压阀进口压力；P_b 为液压阀出口压力；p_c 为液压阀总能量损失[11]，即

$$p_c = c\pi\left(d_c + \frac{x_0}{2}\right)\sin\alpha\sqrt{\frac{2(P_a - P_b)}{\rho}}(P_a - P_b) \tag{5-51}$$

其中，c 为流动系数，与液压阀阀口形状和雷诺系数相关；d_c 为阀芯直径；α 为阀芯射流角度。

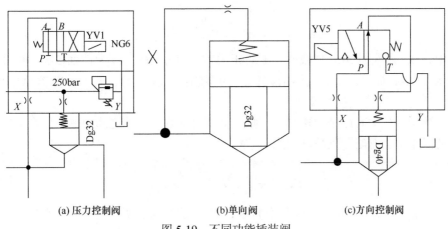

(a) 压力控制阀　　　　　　(b)单向阀　　　　　　(c)方向控制阀

图 5-19　不同功能插装阀

5) 蓄能器能量损失模型

作为辅助液压元件，蓄能器短时间内进出大流量高压液压油时，在节流口处会产生能量损失。该液压系统使用两个大容积高压蓄能器，因此该处能量损失不能忽略。基于其物理结构，蓄能器可以简化为多变面积结构。蓄能器结构简化图如图 5-20 所示。

蓄能器功率损耗 p_m 为[12]

$$p_m = \Delta p q \tag{5-52}$$

其中

$$\Delta p = \rho(\frac{l_1}{A_1} + \frac{l_2}{A_2} + \frac{l_3}{A_3})\frac{\mathrm{d}q}{\mathrm{d}t} + 8\pi\mu(\frac{l_1}{A_1{}^2} + \frac{l_2}{A_2{}^2} + \frac{l_3}{A_3{}^2})q$$

$$+ \frac{\rho}{2}\left[\frac{(A_1 - A_2)^2}{A_1{}^2 A_2{}^2} + \frac{(A_3 - A_2)^2}{A_3{}^2 A_2{}^2}\right]q^2$$

图 5-20　蓄能器结构简化图

$$\frac{\mathrm{d}q}{\mathrm{d}t} = \frac{n_0 p_0}{V_0} q$$

其中，Δp 为截面 5-5 与截面 1-1 的压力差；A_1、A_2、A_3 为截面 5-5、截面 3-3、截面 1-1 面积；n_0 为气体指数；p_0 为蓄能器预充压力；V_0 为蓄能器总容积。

6) 液压缸能量损失模型

液压系统中有四个快速缸和主缸，液压缸活塞与缸体之间摩擦，以及液压缸内的泄露不能忽略。其功率损失 p_y 为

$$p_y = C_{ic}(p_1 - p_2)^2 + B_c A_j \frac{\mathrm{d}y}{\mathrm{d}t} \tag{5-53}$$

其中，p_1 为无杆腔压力；p_2 为有杆腔；B_c 为活塞与活塞缸之间阻尼系数；y 为活塞位移；C_{ic} 为缸内泄系数；A_j 为活塞杆与缸体接触面积。

7) 溢流损失模型

在定量泵阀控液压系统中，液压泵最大输出流量应该大于液压缸所需流量，因此定量泵阀控应设定溢流阀。溢流功率损失 p_d 可表示为

$$p_d = P_Y q_Y \tag{5-54}$$

其中，P_Y 为溢流压力；q_Y 为通过溢流阀流量。

1. 传统阀控系统仿真模型

由于整个液压系统存在大量液压元件，大部分阀以集成块形式装配，因此很难测量每个元件的能量损失。借助仿真模型能量观察器，能方便地观察并统计元件能量损失。精冲机液压系统仿真图如图 5-21 所示。

负载模块信号组成由输入函数模拟，并按照实际状况添加负载。在实际精冲中，如精冲 8mm 厚板材时，在距离滑块上死点 8mm，凸模才与板料接触，负载力才被动出现，且该过程只发生在滑块上升期。在仿真负载模块中，采用位移传感器判断滑块是否到冲压点，采用速度传感器判断滑块的状态是上升还是下降，使负载模块负载力仅在滑块到上死点减去板料厚度位置点才出现预设负载力。

控制模块与负载模块一样，也由信号库组成。根据主液压系统结构变化，可以将液压系统结构划分为快速上升及检测阶段、冲压阶段、泄压及返程阶段。其中每个阶段液压系统参数保持不变。每个阶段值数由实际控制器工控机及控制模块获得。

一般而言，输入总能量为有用功与耗散能量之和。在 400kN 负载工况下，总输入能量、耗散能量、有用功分别为 357.24kJ、319.99kJ、37.25kJ。由图 5-22 和图 5-23 可知，阀能量损失占总输入能量 50%以上，且主要产生在 BS 和 HR 阶段。

溢流耗散能量(52.5kJ)和液压泵损失能量(58.58kJ)占总输入能量的 15%。在 BS 阶段，总输入能量为 16.1 kJ。由于阀能量损失为 11.36kJ，该阶段能量利用率仅为 9.9%。

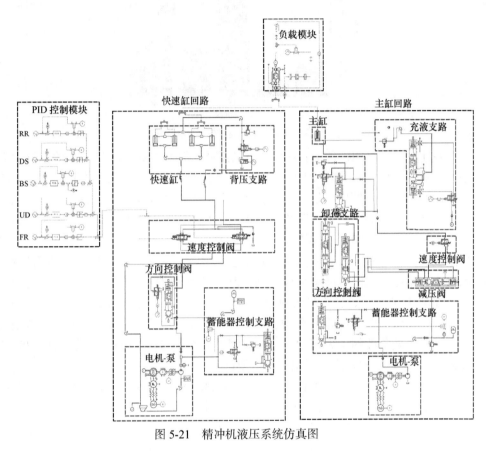

图 5-21　精冲机液压系统仿真图

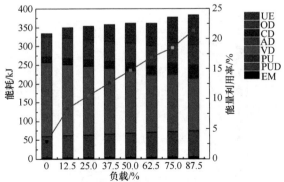

图 5-22　每个阶段各液压元部件能量损失及比重图

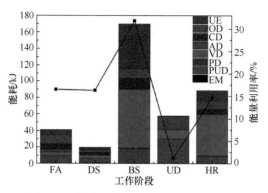

图 5-23　每阶段能量耗散及能量利用率图

在 FA、DS、HR 这三个阶段，蓄能器吸收额外能量(102.48kJ)消除系统溢流损失。在冲压期，释放 80.21 kJ 的液压能。从某种意义看，蓄能器增加这三个阶段负荷率，为冲压期提供足够能量，能有效降低电机功率，以达到节能的目的。

蓄能器虽然能调整不同阶段负荷率，但是并不能彻底解决供需能量不平衡问题。定量泵配溢流阀系统供能压力可以视为不变，当负载较小时，会在主阀进出口造成较大压力差，高压油液经过时就会产生巨大能量损耗。因此，在阀控液压系统中，蓄能器能改变能量释放时机，但不能彻底解决供需能量不平衡问题。

如图 5-24 所示，当负载从 0t 增加到 875t 时，冲压期电机和液压泵损耗进一步增大，导致总输入能量稍有增加。蓄能器及溢流损失几乎保持不变，管道损失和有用功均随负载的增大而增大，同时阀损失由 0t 时的 195.6kJ 降低到 875t 的 136.8 kJ，这对于提高能量利用率有重要影响。

当负载由 0t 增加至 125t 时，系统能量利用率由 2.9% 上升到 8.3%。在随后负载增加至 875t 时，其能量利用率几乎呈线性增加，负载每增加 125t，能量利用率增加 3%，负荷在 875t 时的能量利用率为 21.4%。因此，负荷率越高液压系统能量利用率越高。

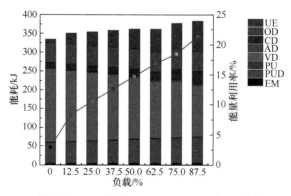

图 5-24　不同负载下各类型液压部件的损耗

2. 节能优化

负载是影响能量利用率的重要因素，提高负荷率能有效提高能量利用率，有利于节能。然而，负载通常由冲压件的厚度和尺寸决定。在生产过程中，其通常保持不变。液压泵输出能量可以调整实现在最小泵输出能量下保证精冲机正常工作。液压泵输出能量可以由输出压力乘以流量得到，液压泵输出流量直接影响滑块正常速度，以及工作效率，并且流量波动会导致滑块振动，不利于冲压零件质量，通常要求液压泵输出流量尽量保持稳定。通过调节溢流压力及蓄能器预充气压力可以有效控制输出压力。

因此，在保证正常工作的前提下，可通过调整输出压力使能量损耗最小。其优化目标为

$$\text{Min}(\Delta E) \approx \text{Min}\{p_c + p_d\} \tag{5-55}$$

其中，ΔE 为工作循环内总能量损失；p_c 为阀损失；p_d 为溢流损失。

因此，优化目标可以简化为求 p_c 与 p_d 之和的最小值。

边界条件为

$$v = \begin{cases} 50 \leqslant v \leqslant 75, & t_0 + nT \leqslant t \leqslant t_1 + nT \\ 45 \leqslant v \leqslant 60, & t_1 + nT \leqslant t \leqslant t_2 + nT \\ 5 \leqslant v \leqslant 35, & t_2 + nT \leqslant t \leqslant t_3 + nT \\ 0 \leqslant v \leqslant 5, & t_3 + nT \leqslant t \leqslant t_4 + nT \\ 250 \leqslant v \leqslant 300, & t_4 + nT \leqslant t \leqslant t_5 + nT \end{cases} \tag{5-56}$$

$$|s - s'| \leqslant 0.5 \tag{5-57}$$

其中，v 为滑块速度；t_i（$i = 1, 2, \cdots, 5$）为不同阶段的时间节点；T 为一个工作循环内总时间。

$$s' = \begin{cases} \dfrac{2500}{37}t, & t_0 + nT \leqslant t \leqslant t_1 + nT \\[2mm] \dfrac{2000}{37}t + 10, & t_1 + nT \leqslant t \leqslant t_2 + nT \\[2mm] \dfrac{1000}{59}t + \dfrac{5240}{59}, & t_2 + nT \leqslant t \leqslant t_3 + nT \\[2mm] 80, & t_3 + nT \leqslant t \leqslant t_4 + nT \\[2mm] -\dfrac{8000}{89}t + \dfrac{27520}{89}, & t_4 + nT \leqslant t \leqslant t_5 + nT \end{cases} \tag{5-58}$$

由液压原理图可知，溢流压力 P_y 和蓄能器预充压力 P_m 能决定液压泵输出压力的最大值，因此确定这两个参数最优值是优化主系统能耗的关键。

优化方法采用遗传优化算法,借助遗传算法优化工具箱,其初始种群为1000,交叉率为0.9,变异率为0.1。不同负载下,最优溢流压力及预充气压力图如图5-25所示。

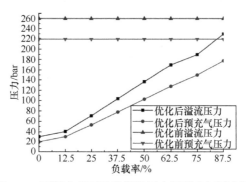

图5-25　不同负载下最优溢流压力及预充气压力图

随着负载增加,溢流压力P_Y与蓄能器预充气压力P_m也增加,其中溢流压力P_Y始终高于蓄能器预充气压力P_m,其差值随着负载增加而增加。溢流压力P_Y可当作系统最大压力,依据蓄能器特性方程,即

$$P_m V_m^{n_0} = P_Y V_Y^{n_0} = C \tag{5-59}$$

可得

$$P_Y - P_m = P_m\left[\left(\frac{V_m}{V_Y}\right)^{n_0} - 1\right] \tag{5-60}$$

当溢流压力P_Y增加,则V_Y减小,因此根据溢流压力P_Y与蓄能器预充气压力P_m差值关系可知,$P_Y - P_m$随着负载增大而增加。

优化前后不同类型元件能量损耗及能量利用效率比较如图5-26所示。经优化后,输入总能量相比优化前有着明显下降,尤其是在低负荷下(0～250t),主要原因是优化后液压泵输出压力急剧下降,输出能量也急剧下降进而匹配系统低负荷。主液压缸主阀两侧压差较小,导致液压阀能量损失较小。随着负荷增加,优化后阀能量损失变化不大。同时,优化后溢流能量(浅蓝部分)损失相比之前下降较多,其下降幅度随着负荷的增加而减小。

经优化后,其低负载工况下输入总能量相比优化前急剧下降,能量利用率相比优化前平均提高8%～10%。在中、高负荷工况下,其能量利用效率保持在22%附近。

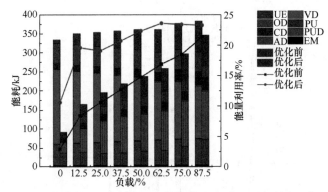

图 5-26　优化前后不同类型元件能量损耗及能量利用效率比较图

3. 阀-泵联合控制液压系统节能

传统系统为阀控液压系统，其能量效率较低。在保证正常工作前提下，为进一步提高液压系统的能量利用效率，考虑如图 5-27 所示的精冲机阀-泵联合控制液压系统[13,14]。该系统结合阀控系统响应快，泵控伺服系统节能等优点，能保持较高的工作性能。

新型阀-泵联合控制液压系统主缸泵出口压力变化如图 5-28 所示。

从图 5-28 可以看出，在传统阀控系统中，液压泵出口压力高于 250bar，而负载最大压力仅 180bar，因此传统阀控系统工作时压力损失较大。同时，冲压阶段所需的油量也较大，造成较大的能量损失，其中大部分是液压阀损失造成的。新系统主缸泵出口压力能自动跟随负载压力调整，其能量损失较少。

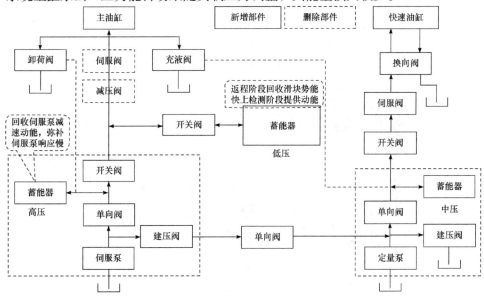

图 5-27　精冲机阀-泵联合控制液压系统原理图

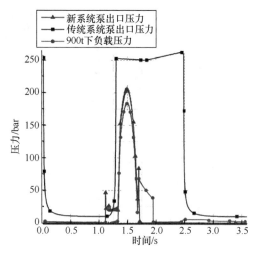

图 5-28　主缸泵出口压力变化图

　　新系统中五个阶段中的各液压元部件能量损失及比重如图 5-29 所示。在 FA 阶段(0～0.7s)，快速缸回路总输入能量为 33kJ，其中约 8kJ 和 7kJ 的液压能量分别来自蓄能器 HA0 和 HA2。在此阶段，液压阀的损失为 10.9 kJ，占总输入能量的 33.0%，电机和泵损失分别占总输入能量的 18.6%和 16.1%。FA 阶段有效能量利用率仅为 21%。由于新系统使用蓄能器，与传统系统相比，总能量消耗减少约 5 kJ，并且不同液压元件的损失占比发生变化，尤其是阀损失和溢流损失。

　　在 FA 与 DS 阶段，滑块均由快速缸驱动，因此这两个阶段能量耗散和传递规律相类似。然而，在 DS 阶段，滑块需要减速，因此 DS 阶段滑块增加的重力势能(仅 2.96kJ)小于 FA 阶段。DS 阶段能量利用率仅 18.6%，低于 FA 阶段的能量利用率。

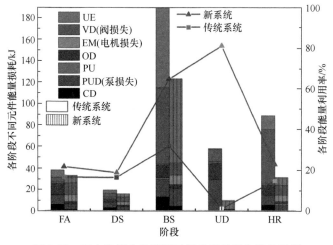

图 5-29　五个阶段中各液压元部件能量损失及比重图

BS 阶段(1.1～1.7s)的输入能量占整个精冲循环总输入能量(196.25kJ)的 65%，其中 127.9kJ 转化为工件剪切变形能。在新系统中，滑块的重力势能(1.6kJ)储存在蓄能器 HA0 中。该阶段能量利用率可达 81%。在 HR 阶段，阀损失、电机损失和泵损失损耗占 75%以上。在传统系统中，由于系统功率不匹配，其能耗最大部分为阀损失(50.4kJ)。新系统通过采用蓄能器 HA2 可以极大地降低阀损失。

传统系统与新系统不同类型元件能耗及能量利用率比较如图 5-30 所示。随着负载从 0 增加到 1000t，新系统的总输入能量从 78.9kJ 增加到 216.4kJ，有用功从 9.6kJ 增加到 102.5kJ，能量利用率从 12.9%上升至 47.4%。随着负载增加，电机损失、泵损失和油缸损失均略有增加。液压阀损失从 34.6kJ 增加到 36.2kJ，几乎保持不变。阀损失在传统系统中从 26.8kJ 增加到 137.2kJ，极大地降低了能量利用效率。同负载下，新系统与传统系统相比，输入总能量消耗减少约 100kJ，平均有效能量利用率提高 20%。

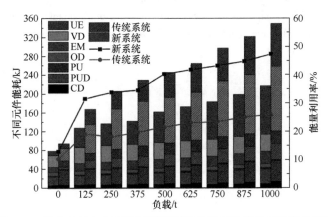

图 5-30　传统系统与新系统不同类型元件能耗及能量利用率比较图

参 考 文 献

[1] 涂光祺. 精冲液压模架——在通用压机上实行精冲. 锻压技术, 1984,(6):29-32.

[2] Shen G, Zhu Z, Zhao J, et al. Real-time tracking control of electro-hydraulic force servo systems using offline feedback control and adaptive control. ISAT, 2017, 67:356-370.

[3] 汪义高,李玉双,梁先勇, 等. 伺服控制技术在精冲设备上的应用. 锻压技术, 2017,42(4):148-152.

[4] Zhao X H, Liu Y X, Hua L, et al. Finite element analysis and topology optimization of a 12000kN fine blanking press frame. Structural and Multidisciplinary Optimization, 2016, (54):375-390.

[5] Zhao X H, Liu Y X, Hua L, et al. Structural analysis and size optimization of a fine-blanking press frame based on sensitivity analysis. Journal of Mechanical Engineering, 2020, 6(66):408-417.

[6] 涂光祺. 精冲技术. 北京：机械工业出版社，2006.

[7] 刘艳雄,李杨康,华林, 等. 基于遗传算法精冲机快速缸液压伺服系统设计及 PID 控制优化.

武汉理工大学学报(交通科学与工程版), 2017, 41(1):52-56.

[8] 闻邦椿. 机械设计手册: 第 5 卷. 北京: 机械工业出版社, 2010.

[9] Weber J. Simulation-based investigation of the energy effciency of hydraulic deep drawing presses. Hidravlična Stiskalnica, 2013, 45:456-468.

[10] Xu Z C, Liu Y X, Hua L, et al. Energy analysis and optimization of main hydraulic system in 10,000kN fine blanking press with simulation and experimental methods. Energy Conversion and Management, 2019, (181):143-158.

[11] Chen J, Wang G, Gong X, et al. Characteristics of cartridge one-way relief valve. Journal of Jilin University of Technology, 2016, 46:2-8.

[12] Liu H, Jiang J, Okoye C. Energy loss analysis of hydraulic accumulator during energy storage using numerical method. Chinese Journal of Mechanical Engineering, 2006, 17(12): 1283-1285.

[13] Liu Y X, Xu Z C, Hua L, et al. Analysis of energy characteristic and working performance of novel controllable hydraulic accumulator with simulation and experimental methods. Energy Conversion and Management, 2020,(221): 113196.

[14] Xu Z C, Liu Y X, Hua L, et al. Energy improvement of fineblanking press by valve-pump combined controlled hydraulic system with multiple accumulators. Journal of Cleaner Production, 2020,(257): 120505.

第6章 高速机械液压伺服精冲装备

随着精冲应用领域的逐渐推广，精冲零部件的需求量不断增加，高速精冲机应运而生[1]。瑞士 Feintool 推出 XFT2500 speed 型机械伺服高速精冲机，最大冲压吨位为 250t，最大冲压频次达到 200 次/min。近年来，本书作者项目组与黄石华力锻压机床有限公司合作开发了中国首台 NCF320 型高速机械伺服精冲机。本章从机械结构、液压系统，以及振动控制等方面介绍高速精冲研究成果。

6.1 主传动系统设计

高速精冲机主传动采用伺服电机驱动，压边力和反顶力由液压系统提供，主传动机构设计是实现高速精冲的核心。NCF 高速精冲主冲压力为 3200kN，可精冲板厚 1～10mm，最大滑块行程 70mm，最大滑块行程时精冲成形频次 220 次/min。因此，如果主传动系统采用单伺服电机，则要求的伺服电机功率过大，一方面会增加制造成本，另一方面对供电系统提出非常高的要求。基于分散动力的设计思想，创新性地提出双伺服驱动曲柄肘杆主传动结构。在单自由度驱动的曲轴肘杆结构的基础上增加一个伺服驱动，两个伺服电机的输入通过一个二自由度的曲柄肘杆机构合成输出运动。由连接大偏心曲轴的伺服电机控制完成快速闭合、快速回程过程，由连接小偏心曲轴的伺服电机控制完成冲压过程，即提供冲压时的冲压力及控制冲压速度[2,3]。通过采用双伺服驱动曲柄肘杆结构，既能满足高速重载精冲要求，又能避免单电机功率过大的问题。

双伺服驱动高速精冲机主传动机构构型如图 6-1 所示。伺服电机 1 控制驱动曲柄 1，伺服电机 2 控制驱动曲柄 2。双伺服电机的旋转运动输入通过双曲柄七杆机构输出滑块的直线往复运动。驱动曲柄 1 的伺服电机 1 主要控制慢速冲压过程，即提供冲压行程、冲压力和冲压速度。驱动曲柄 2 的伺服电机 2 主要控制快速闭合、快速回程过程，即提供空程行程、空程力、空程速度。冲压行程较小，曲柄 1 的长度可适当取小，以减小伺服电机 1 受到的扭矩。空程行程较大，曲柄 2 的长度可适当取大，使滑块行程满足设计要求。因此，采用这种双伺服电机协调驱动方式，可以解决单伺服驱动压力机存在机械增益与滑块最大行程相互制约，以及混合驱动压力机存在常规电机不可控的问题，可使精冲机在满足滑块行程、总

压力、冲压速度可调等多重要求的前提下，提高精冲机工作效率，降低伺服电机
驱动扭矩。

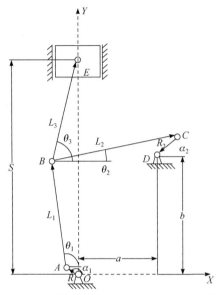

图 6-1　双伺服驱动高速精冲机主传动机构构型

6.1.1　主传动机构运动学分析

双伺服驱动高速精冲机主传动机构比较复杂，涉及的杆件数目较多，本节采
用解析法中的复数矢量法对双伺服高速精冲机主传动机构进行运动学分析[4]。采
用解析法对机构进行运动学分析的基本思路是，首先根据机构的几何条件，建立
机构位置封闭矢量方程，然后根据位置方程对时间求一阶导数可得机构的速度方
程，对时间求二阶导数可得机构的加速度方程。

对双伺服驱动高速精冲机主传动机构(图 6-1)进行运动学分析，分别对封闭环
路 $OABCD$ 和 $OABE$ 建立如下矢量方程，即

$$\begin{cases} R_1\mathrm{e}^{\mathrm{i}\alpha_1}+L_1\mathrm{e}^{\mathrm{i}\theta_1}+L_3\mathrm{e}^{\mathrm{i}\theta_3}=S \\ R_1\mathrm{e}^{\mathrm{i}\alpha_1}+L_1\mathrm{e}^{\mathrm{i}\theta_1}+L_2\mathrm{e}^{\mathrm{i}\theta_2}+R_2\mathrm{e}^{\mathrm{i}\alpha_2}=\rho\mathrm{e}^{\mathrm{i}\theta} \end{cases} \tag{6-1}$$

其中

$$\begin{cases} \rho=\sqrt{a^2+b^2} \\ \theta=a\tan\dfrac{b}{a} \end{cases} \tag{6-2}$$

其中，a 为铰点 O 与铰点 D 在水平(X)方向的距离；b 为铰点 O 与铰点 D 在竖直

(Y)方向的距离，机构确定后，a 和 b 是固定的。

将式(6-1)分别向 X、Y 轴投影，可得

$$\begin{cases} R_1\cos\alpha_1 + L_1\cos\theta_1 + L_3\cos\theta_3 = 0 \\ R_1\sin\alpha_1 + L_1\sin\theta_1 + L_3\sin\theta_3 = S \\ R_1\cos\alpha_1 + L_1\cos\theta_1 + L_2\cos\theta_2 + R_2\cos\alpha_2 = a \\ R_1\sin\alpha_1 + L_1\sin\theta_1 + L_2\sin\theta_2 + R_2\sin\alpha_2 = b \end{cases} \tag{6-3}$$

其中，R_1、R_2、L_1、L_2、L_3 为曲柄 1、曲柄 2、连杆 1、连杆 2、连杆 3 的尺寸参数；$S=S(t)$ 为滑块的位移函数；α_1 为曲柄 1 的角位移，与伺服电机 1 角位移有关；α_2 为曲柄 2 的角位移，与伺服电机 2 的角位移有关，确定 α_1 和 α_2 后，可解出未知量 θ_1、θ_2、θ_3、S。

根据装配关系可得如下计算结果。

1) 各杆件角位移、滑块位移方程

$$\begin{cases} \theta_1 = a\cos\left(\dfrac{A^2 + B^2 + L_1^2 - L_2^2}{2L_1\sqrt{A^2 + B^2}}\right) + a\tan\dfrac{B}{A} \\[3mm] \theta_2 = a\cos\left(\dfrac{A^2 + B^2 + L_2^2 - L_1^2}{2L_2\sqrt{A^2 + B^2}}\right) + a\tan\dfrac{B}{A} \\[3mm] \theta_3 = a\cos\left(\dfrac{R_1\cos\alpha_1 + L_1\cos\theta_1}{-L_3}\right) \\[3mm] S = R_1\sin\alpha_1 + L_1\sin\theta_1 + L_3\sin\theta_3 \end{cases} \tag{6-4}$$

2) 各杆件角速度、滑块速度方程

将各杆件的角位移、滑块的位移对时间求一阶导数，可得相应杆件的角速度和滑块的速度，即

$$\begin{bmatrix} L_1\sin\theta_1 & 0 & L_3\sin\theta_3 & 0 \\ -L_1\cos\theta_1 & 0 & -L_3\cos\theta_3 & 1 \\ L_1\sin\theta_1 & L_2\sin\theta_2 & 0 & 0 \\ -L_1\cos\theta_1 & -L_2\cos\theta_2 & 0 & 0 \end{bmatrix}\begin{bmatrix} w_1 \\ w_2 \\ w_3 \\ v \end{bmatrix}$$

$$= \begin{bmatrix} -R_1\sin\alpha_1 & 0 & 0 & 0 \\ R_1\cos\alpha_1 & 0 & 0 & 0 \\ -R_1\sin\alpha_1 & -R_2\sin\alpha_2 & 0 & 0 \\ R_1\cos\alpha_1 & R_2\cos\alpha_2 & 0 & 0 \end{bmatrix}\begin{bmatrix} w_{\alpha1} \\ w_{\alpha2} \\ 0 \\ 0 \end{bmatrix} \tag{6-5}$$

其中，w_1、w_2、w_3 为连杆 1、连杆 2、连杆 3 的角速度；$w_{\alpha1}$、$w_{\alpha2}$ 为曲柄 1、曲

柄 2 的角速度；v 为滑块速度。

3) 各杆件角加速度、滑块加速度方程

将各杆件角速度、滑块速度对时间求一阶导数，可得相应杆件的角加速度和滑块的加速度，即

$$
\begin{bmatrix}
L_1\sin\theta_1 & 0 & L_3\sin\theta_3 & 0 \\
-L_1\cos\theta_1 & 0 & -L_3\cos\theta_3 & 1 \\
L_1\sin\theta_1 & L_2\sin\theta_2 & 0 & 0 \\
-L_1\cos\theta_1 & -L_2\cos\theta_2 & 0 & 0
\end{bmatrix}
\begin{bmatrix}
\varepsilon_1 \\ \varepsilon_2 \\ \varepsilon_3 \\ \alpha_H
\end{bmatrix}
$$

$$
=\begin{bmatrix}
-R_1\sin\alpha_1 & 0 & 0 & 0 \\
R_1\cos\alpha_1 & 0 & 0 & 0 \\
-R_1\sin\alpha_1 & -r_2\sin\alpha_2 & 0 & 0 \\
R_1\cos\alpha_1 & r_2\cos\alpha_2 & 0 & 0
\end{bmatrix}
\begin{bmatrix}
\varepsilon_{\alpha 1} \\ \varepsilon_{\alpha 2} \\ 0 \\ 0
\end{bmatrix}
$$

$$
-\begin{bmatrix}
L_1\cos\theta_1 & 0 & L_3\cos\theta_3 & 0 \\
L_1\sin\theta_1 & 0 & L_3\sin\theta_3 & 1 \\
L_1\cos\theta_1 & L_2\cos\theta_2 & 0 & 0 \\
L_1\sin\theta_1 & L_2\sin\theta_2 & 0 & 0
\end{bmatrix}
\begin{bmatrix}
w_1^2 \\ w_2^2 \\ w_3^2 \\ 0
\end{bmatrix}
$$

$$
+\begin{bmatrix}
-R_1\cos\alpha_1 & 0 & 0 & 0 \\
-R_1\sin\alpha_1 & 0 & 0 & 0 \\
-R_1\cos\alpha_1 & -R_2\cos\alpha_2 & 0 & 0 \\
-R_1\sin\alpha_1 & R_2\sin\alpha_2 & 0 & 0
\end{bmatrix}
\begin{bmatrix}
w_{\alpha 1}^2 \\ w_{\alpha 2}^2 \\ 0 \\ 0
\end{bmatrix}
\tag{6-6}
$$

其中，ε_1、ε_2、ε_3 为连杆 1、连杆 2、连杆 3 的角加速度；$\varepsilon_{\alpha 1}$、$\varepsilon_{\alpha 2}$ 为曲柄 1、曲柄 2 的角加速度；α_H 为滑块的加速度。

6.1.2 主传动机构动态静力学分析

在运动过程中，双伺服高速精冲机主传动系统各杆件会受到力的作用，影响机构的运动和力学性能。这些力包括驱动双曲柄运动的驱动力、工作阻力、构件的重力、惯性力，以及运动副约束反力。对机构整体而言，运动副约束反力属于内力，对单个构件而言，运动副约束反力属于外力。对于某些低速轻载运动机构，各构件运动过程中产生的惯性力较小，进行受力分析时，惯性力可以忽略不计。对于高速精冲机主传动机构，在运动过程中速度和加速度较大，构件质量较重，会产生较大的惯性力，因此进行受力分析时必须考虑惯性力的影响。

达朗贝尔原理是动力学分析中的一个重要原理。通过运动学分析可以获得构件的加速度，进而求解虚加在构件上的与构件加速度方向相反的惯性力，将惯性

力代入静力平衡方程中，可以求出在驱动构件上施加的驱动力或驱动力矩，以及各运动副约束反力。达朗贝尔原理的最大特点是，应用静力学方法可以解决动力学问题，因此达朗贝尔原理也称动态静力学法。

1. 各构件质心运动学分析

如图 6-1 所示，设曲柄 1、曲柄 2、连杆 1、连杆 2、连杆 3 的质心到铰点 O、铰点 D、铰点 A、铰点 C、铰点 B 的距离为 R_{s1}、R_{s2}、L_{s1}、L_{s2}、L_{s3}，曲柄 1、曲柄 2、连杆 1、连杆 2、连杆 3 绕其质心的转动惯量分别为 J_{R1}、J_{R2}、J_{L1}、J_{L2}、J_{L3}。曲柄 1、曲柄 2、连杆 1、连杆 2、连杆 3、滑块的质量为 m_{R1}、m_{R2}、m_{L3}、m_{L4}、m_{L5}、m_H，某一时刻曲柄 1、曲柄 2 的角位移为 α_1、α_2，角速度分别为 w_{a1}、w_{a2}，角加速度为 ε_{a1}、ε_{a2}。设滑块所受的冲压力为 Q，需要在曲柄 1、曲柄 2 施加的平衡力矩分别为 M_1、M_2。各构件质心的位置分别为

$$\begin{cases} x_{R_{s1}} = R_{s1} \cos\alpha_1 \\ y_{R_{s1}} = R_{s1} \sin\alpha_1 \end{cases} \tag{6-7}$$

$$\begin{cases} x_{L_{s1}} = R_1 \cos\alpha_1 + L_{s1} \cos\theta_1 \\ y_{L_{s1}} = R_1 \sin\alpha_1 + L_{s1} \sin\theta_1 \end{cases} \tag{6-8}$$

$$\begin{cases} x_{L_{s2}} = a - R_2 \cos\alpha_2 - L_{s2} \cos\theta_2 \\ y_{L_{s2}} = b - R_2 \sin\alpha_2 - L_{s2} \sin\theta_2 \end{cases} \tag{6-9}$$

$$\begin{cases} x_{R_{s2}} = a - R_{s2} \cos\theta_2 \\ y_{R_{s2}} = b - R_{s2} \sin\theta_2 \end{cases} \tag{6-10}$$

$$\begin{cases} x_{L_{s3}} = R_1 \cos\alpha_1 + L_1 \cos\theta_1 + L_{s3} \cos\theta_3 \\ y_{L_{s3}} = R_1 \sin\alpha_1 + L_1 \sin\theta_1 + L_{s3} \sin\theta_3 \end{cases} \tag{6-11}$$

$$\begin{cases} x_{sH} = 0 \\ y_{sH} = S = R_1 \sin\alpha_1 + L_1 \sin\theta_1 + L_3 \sin\theta_3 \end{cases} \tag{6-12}$$

当双伺服电机的运动规律确定后，可以计算出 α_1、α_2、θ_1、θ_2、θ_3，因此可以求解出各杆件和滑块的质心位置。将式(6-7)～式(6-12)对时间求一阶导数，可计算出各杆件，以及滑块的质心速度，即

$$\begin{cases} \dot{x}_{R_{s1}} = -\dot{\alpha}_1 R_{s1} \sin\alpha_1 \\ \dot{y}_{R_{s1}} = \dot{\alpha}_1 R_{s1} \cos\alpha_1 \end{cases} \tag{6-13}$$

$$\begin{cases} \dot{x}_{L_{s1}} = -\dot{\alpha}_1 R_1 \sin\alpha_1 - \dot{\theta}_1 L_{s1} \sin\theta_1 \\ \dot{y}_{L_{s1}} = \dot{\alpha}_1 R_1 \cos\alpha_1 + \dot{\theta}_1 L_{s1} \cos\theta_1 \end{cases} \tag{6-14}$$

$$\begin{cases} \dot{x}_{L_{s2}} = \dot{\alpha}_2 R_2 \sin\alpha_2 + \dot{\theta}_2 L_{s2} \sin\theta_2 \\ \dot{y}_{L_{s2}} = -\dot{\alpha}_2 R_2 \cos\alpha_2 - \dot{\theta}_2 L_{s2} \cos\theta_2 \end{cases} \tag{6-15}$$

$$\begin{cases} \dot{x}_{R_{s2}} = \dot{\alpha}_2 R_{s2} \sin\alpha_2 \\ \dot{y}_{R_{s2}} = -\dot{\alpha}_2 R_{s2} \cos\alpha_2 \end{cases} \tag{6-16}$$

$$\begin{cases} \dot{x}_{R_{s3}} = -\dot{\alpha}_1 R_1 \sin\alpha_1 - \dot{\theta}_1 L_1 \sin\theta_1 - \dot{\theta}_3 L_{s3} \sin\theta_3 \\ \dot{y}_{R_{s3}} = \dot{\alpha}_1 R_1 \cos\alpha_1 + \dot{\theta}_1 L_1 \cos\theta_1 + \dot{\theta}_3 L_{s3} \cos\theta_3 \end{cases} \tag{6-17}$$

$$\begin{cases} \dot{x}_{sH} = 0 \\ \dot{y}_{sH} = v = \dot{\alpha}_1 R_1 \cos\alpha_1 + \dot{\theta}_1 L_1 \cos\theta_1 + \dot{\theta}_3 L_3 \cos\theta_3 \end{cases} \tag{6-18}$$

由主传动机构运动学分析可以求出各杆件的角速度和滑块的速度，进而求出各杆件和滑块的质心速度，将式(6-13)～式(6-18)对时间求一阶导数可计算出各构件的质心加速度，即

$$\begin{cases} \ddot{x}_{R_{s1}} = -\ddot{\alpha}_1 L_{R_{s1}} \sin\alpha_1 - \dot{\alpha}_1^2 L_{R_{s1}} \cos\alpha_1 \\ \ddot{y}_{R_{s1}} = \ddot{\alpha}_1 L_{R_{s1}} \cos\alpha_1 - \dot{\alpha}_1^2 L_{R_{s1}} \sin\alpha_1 \end{cases} \tag{6-19}$$

$$\begin{cases} \ddot{x}_{L_{s1}} = -\ddot{\alpha}_1 R_1 \sin\alpha_1 - \dot{\alpha}_1^2 R_1 \cos\alpha_1 - \ddot{\theta}_1 L_{R_{s1}} \sin\theta_1 - \dot{\theta}_1^2 L_{R_{s1}} \cos\theta_1 \\ \ddot{y}_{L_{s1}} = \ddot{\alpha}_1 R_1 \cos\alpha_1 - \dot{\alpha}_1^2 R_1 \sin\alpha_1 + \ddot{\theta}_1 L_{R_{s1}} \cos\theta_1 - \dot{\theta}_1^2 L_{R_{s1}} \sin\theta_1 \end{cases} \tag{6-20}$$

$$\begin{cases} \ddot{x}_{L_{s2}} = \ddot{\alpha}_2 R_2 \sin\alpha_2 + \dot{\alpha}_2^2 R_2 \cos\theta_2 + \ddot{\theta}_2 L_{s2} \sin\theta_2 + \dot{\theta}_2^2 L_{s2} \cos\theta_2 \\ \ddot{y}_{L_{s2}} = -\ddot{\alpha}_2 R_2 \cos\alpha_2 + \dot{\alpha}_2^2 R_2 \sin\theta_2 - \ddot{\theta}_2 L_{s2} \cos\theta_2 + \dot{\theta}_2^2 L_{s2} \sin\theta_2 \end{cases} \tag{6-21}$$

$$\begin{cases} \ddot{x}_{s4} = \ddot{\alpha}_2 R_{s2} \sin\alpha_2 + \dot{\alpha}_2^2 L_{s2} \cos\theta_2 \\ \ddot{y}_{s4} = -\ddot{\alpha}_4 R_{s2} \cos\alpha_2 + \dot{\alpha}_2^2 L_{s2} \sin\theta_2 \end{cases} \tag{6-22}$$

$$\begin{cases} \ddot{x}_{L_{s3}} = -\ddot{\alpha}_1 R_1 \sin\alpha_1 - \dot{\alpha}_1^2 R_1 \cos\alpha_1 - \ddot{\theta}_1 L_1 \sin\theta_1 - \dot{\theta}_1^2 L_1 \cos\theta_1 - \ddot{\theta}_3 L_{s3} \sin\theta_3 - \dot{\theta}_3^2 L_{s3} \cos\theta_3 \\ \ddot{y}_{L_{s3}} = \ddot{\alpha}_1 R_1 \cos\alpha_1 - \dot{\alpha}_1^2 R_1 \sin\alpha_1 + \ddot{\theta}_1 L_1 \cos\theta_1 - \dot{\theta}_1^2 L_1 \sin\theta_1 + \ddot{\theta}_3 L_{s3} \cos\theta_3 - \dot{\theta}_3^2 L_{s3} \sin\theta_3 \end{cases}$$

$$\tag{6-23}$$

$$\begin{cases} \ddot{x}_{sH} = 0 \\ \ddot{y}_{sH} = \ddot{\alpha}_1 R_1 \cos\alpha_1 - \dot{\alpha}_1^2 R_1 \sin\alpha_1 + \ddot{\theta}_1 L_1 \cos\theta_1 - \dot{\theta}_1^2 L_1 \sin\theta_1 + \ddot{\theta}_3 L_3 \cos\theta_3 - \dot{\theta}_3^2 L_3 \sin\theta_3 \end{cases}$$

$$\tag{6-24}$$

　　由主传动机构运动学分析可以求出各杆件和滑块的角加速度，因此可求出各杆件和滑块的质心加速度。

　　2. 各构件受力分析

　　各构件受力分析图如图 6-2 所示。

　　对曲柄 1 进行受力分析，即

$$\begin{cases} F_{Ox} - m_{R1}\ddot{x}_{R_{s1}} - F_{Ax} = 0 \\ F_{Oy} - m_{R1}g + m_{R1}\ddot{y}_{R_{s1}} - F_{Ay} = 0 \\ F_{Ox}R_{s1}\sin\alpha_1 + F_{Oy}R_{s1}\cos\alpha_1 + F_{Ax}(R_1 - R_{s1})\sin\alpha_1 + F_{Ay}(R_1 - R_{s1})\cos\alpha_1 + J_{R1}\ddot{\alpha}_1 - M_1 = 0 \end{cases}$$

$$(6\text{-}25)$$

　　对曲柄 2 进行受力分析，即

$$\begin{cases} -F_{Cx} - m_{R2}\ddot{x}_{R_{s2}} + F_{Dx} = 0 \\ F_{Cy} - m_{R2}g + m_{R2}\ddot{y}_{R_{s2}} - F_{Dy} = 0 \\ F_{Cx}L_{R_{s2}}\sin\alpha_2 + F_{Cy}R_{s2}\cos\alpha_2 + F_{Dx}(R_2 - R_{s2})\sin\alpha_2 + F_{Dy}(L_2 - L_{s2})\cos\alpha_2 + J_{R2}\ddot{\alpha}_2 - M_2 = 0 \end{cases}$$

$$(6\text{-}26)$$

　　对连杆 1 进行受力分析，即

$$\begin{cases} F_{Ax} + m_{L1}\ddot{x}_{L_{s1}} - F_{B1x} = 0 \\ F_{Ay} - m_{L1}g + m_{L1}\ddot{y}_{L_{s1}} - F_{B1y} = 0 \\ F_{Ax}L_{s1}\sin\theta_1 + F_{Ay}L_{s1}\cos\theta_1 + F_{B1x}(L_1 - L_{s1})\sin\theta_1 + F_{B1y}(L_1 - L_{s1})\cos\theta_1 - J_{L1}\ddot{\theta}_1 = 0 \end{cases}$$

$$(6\text{-}27)$$

　　对连杆 2 进行受力分析，即

$$\begin{cases} -F_{B2x} + m_{L2}\ddot{x}_{L_{s2}} + F_{Cx} = 0 \\ F_{B2y} - m_{L2}g - m_{L2}\ddot{y}_{L_{s2}} - F_{Cy} = 0 \\ -F_{B2x}L_{L_{s2}}\sin\theta_2 - F_{B2y}L_{s2}\cos\theta_2 - F_{Cx}(L_2 - L_{s2})\sin\theta_2 - F_{Cy}(L_2 - L_{s2})\cos\theta_2 - J_{L2}\ddot{\theta}_2 = 0 \end{cases}$$

$$(6\text{-}28)$$

　　对连杆 3 进行受力分析，即

$$\begin{cases} F_{B3x} - m_{L3}\ddot{x}_{L_{s3}} - F_{Ex} = 0 \\ F_{B3y} - m_{L3}g + m_3\ddot{y}_{L_{s3}} - F_{Ey} = 0 \\ F_{B3x}L_{s3}\sin\theta_3 - F_{B3y}L_{s3}\cos\theta_3 + F_{Ex}(L_3 - L_{s3})\sin\theta_3 - F_{Ey}(L_3 - L_{s3})\cos\theta_3 + J_{L3}\ddot{\theta}_3 = 0 \end{cases}$$

$$(6\text{-}29)$$

　　对滑块进行受力分析，即

$$\begin{cases} F_{Ex} - F_N = 0 \\ F_{Ey} - m_H g + m_H \ddot{y}_{sH} - Q = 0 \end{cases} \tag{6-30}$$

此外，铰点 B 处存在复合铰链，铰点 B 是连杆 1、连杆 2、连杆 3 的共同铰点，因此该点的受力存在如下关系，即

$$\begin{cases} -F_{B1x} - F_{B2x} + F_{B3x} = 0 \\ -F_{B1y} + F_{B2y} - F_{B3y} = 0 \end{cases} \tag{6-31}$$

式(6-25)~式(6-30)中共有 19 个方程，有 F_{Ox}、F_{Oy}、F_{Ax}、F_{Ay}、F_{B2x}、F_{B2y}、F_{B3x}、F_{B3y}、F_{B5x}、F_{B5y}、F_{Cx}、F_{Cy}、F_{Dx}、F_{Dy}、F_{Ex}、F_{Ey}、F_N、M_1、M_2 共 19 个未知数，因此可求解机构的动态静力学方程。

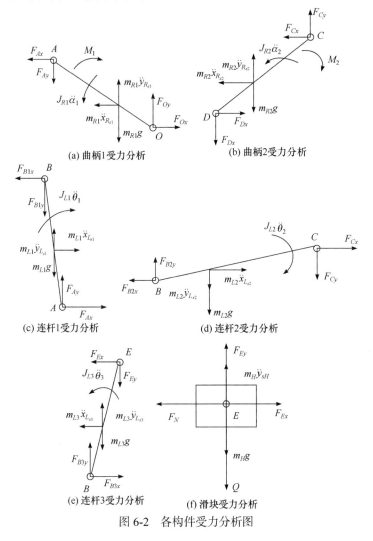

图 6-2　各构件受力分析图

6.2　主传动系统运动轨迹规划

　　滑块的下死点、冲压起点、上死点三个工作点将滑块的行程在一个周期内分为三个阶段，因此当滑块分别处于下死点、冲压起点、上死点这三个工作点时，确定双伺服电机对应的下死点相位角、冲压起点相位角、上死点相位角，以及在三个相位角之间运动情况即可完成双伺服电机精冲全过程运动轨迹规划。为了便于运动规划，取双伺服电机的上死点作为运动规划的起点。

　　伺服电机 1 的运动规划是，由上死点相位角柔性加速到 w_{11} 后匀速运行到下死点相位角；由下死点相位角以角速度 w_{11} 匀速运行至靠近冲压起点相位角开始，柔性减速到 w_{12}，到达冲压起点相位角；由冲压起点相位角以角速度 w_{12} 匀速运行到上死点相位角。

　　伺服电机 2 运动规划是，由上死点相位角柔性加速到 w_{21} 后匀速运行到下死点相位角；由下死点相位角以角速度 w_{21} 匀速运行至靠近冲压起点相位角开始，柔性减速到 w_{22}，到达冲压起点相位角；由冲压起点相位角以角速度 w_{22} 匀速运行到上死点相位角。

6.2.1　双伺服电机关键相位角的确定

　　为了保证系统有较高的上死点精度，防止过冲保护模具，选取滑块能够达到的最高点作为上死点。根据所选杆件的尺寸参数，以及铰接关系，曲柄 1、连杆1、连杆 3 共线，曲柄 2 与连杆 2 反共线，从而可以确定滑块在上死点时双伺服电机的上死点相位角。

　　确定滑块的上死点后，滑块的冲压起点由冲压板厚决定，即规划滑块冲压起点与上死点的距离应大于等于冲压板厚。由受力分析可知，伺服电机 2 处于上死点相位角附近时，伺服电机 2 不会因滑块受到冲压力而承受较大的扭矩。因此，设伺服电机 2 的冲压夹角(冲压起点相位角与上死点相位角的夹角)为 β。

　　根据所选构件的尺寸，在冲压过程中，连杆 1 和连杆 3 基本处于同一直线上，系统可看作曲柄滑块机构。设伺服电机 1 的冲压夹角为 α。根据文献[5]可得

$$x = r(1 - \cos\psi + \frac{r}{2L}\sin^2\psi) \tag{6-32}$$

其中，x 为滑块距离上死点的距离；r 为曲柄长度；L 为连杆长度；ψ 为曲柄偏离上死点位置的角度。

　　当冲压板厚为 X 时，将系统杆件尺寸参数(r=5mm，L=720mm)代入式(6-32)，可得

$$\alpha = \arccos\left[\frac{84100 - \left(\dfrac{1152X}{5}\right)^{\frac{1}{2}}}{2} - 144\right] \tag{6-33}$$

在实际运行过程中，连杆长度 L 小于或等于 720mm，因此当伺服电机 1 冲压夹角取 α 时可使滑块冲压起始点与冲压终止点的距离大于冲压板厚，满足要求。

综上所述，伺服电机 1 和 2 的关键相位角如图 6-3 和图 6-4 所示。

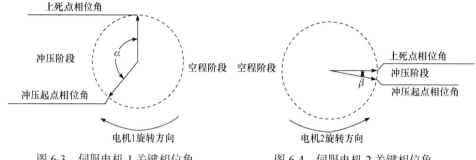

图 6-3 伺服电机 1 关键相位角   图 6-4 伺服电机 2 关键相位角

6.2.2 伺服电机加减速柔性过渡运动规划

在高速精冲中，电机速度的剧烈变化增加了伺服电机的动态响应要求，因此合理的伺服电机加减速函数规划是保证机床在运行平稳、冲击振动小的前提下提高生产效率的关键。传统直线加减速控制方法中的速度是按照一定的斜率直线上升或直线下降进行变化的，而传统的指数加减控制方法中的速度是按照指数变化规律上升或下降的。这两种加减速控制方法均存在伺服电机在运动过程中加速度不连续的现象，冲击较大，伺服电机运行的平稳性差；S 型加减速控制方法中的速度是按照 S 形曲线变化规律上升或下降的，其速度和加速度曲线是连续的，可保证速度和加速度没有突变，具有较好的柔性。但是，S 型加减速控制方法仍存在一定的缺陷，其加速度是不连续的，机床在整个运动中存在冲击和振动，柔性受到一定的限制[6]。

为增加伺服电机的控制柔性，本书构造加加速度函数 $J(t)$，即

$$J(t) = C\sin(\frac{2\pi(t - T_0)}{T}) \tag{6-34}$$

其中，C 为系数；T 为一个加(减)速周期；T_0 为加(减)速初始时间。

根据构造的加加速度函数可推导出加速度函数 $A(t)$，即

$$A(t) = -\frac{CT}{2\pi}\cos(\frac{2\pi(t - T_0)}{T}) + C_1 \tag{6-35}$$

其中，C_1 为常数系数。

根据加速度函数可推导出速度函数 $V(t)$，即

$$V(t) = -\frac{CT^2}{4\pi^2}\sin(\frac{2\pi(t-T_0)}{T}) + C_1(t-T_0) + C_2 \qquad (6\text{-}36)$$

其中，C_2 为常数系数。

根据速度函数可推导出位移函数 $S(t)$，即

$$S(t) = \frac{CT^3}{8\pi^3}\cos(\frac{2\pi(t-T_0)}{T}) + C_1(t-T_0)^2 + C_2(t-T_0) + C_3 \qquad (6\text{-}37)$$

设 V_0 为加(减)速初始速度，V_1 加(减)速后的速度。根据边界条件，当 $t=0$ 时，$A(0)=0$，$V(0)=V_0$，$S(0)=S_0$；当 $t=T_0+T$ 时，$A(T_0+T)=0$，$V(T_0+T)=V_1$，有

$$\begin{cases} C_1 = \dfrac{V_1 - V_0}{T} \\[2mm] C_2 = V_0 \\[2mm] C = \dfrac{2\pi(V_1 - V_0)}{T^2} \\[2mm] C_3 = S_0 - \dfrac{T}{4\pi^2(V_1 - V_0)} \end{cases} \qquad (6\text{-}38)$$

因此，将式(6-38)的参数代入式(6-35)～式(6-37)可得加(减)速变化过程的加加速度 $J(t)$、加速度 $A(t)$、速度 $V(t)$、位移函数 $S(t)$，即

$$\begin{cases} J(t) = \dfrac{2\pi(V_1 - V_0)}{T^2}\sin(\dfrac{2\pi(t-T_0)}{T}) \\[3mm] A(t) = -\dfrac{V_1 - V_0}{T}\cos(\dfrac{2\pi(t-T_0)}{T}) + \dfrac{V_1 - V_0}{T} \\[3mm] V(t) = -\dfrac{(V_1 - V_0)}{2\pi}\sin(\dfrac{2\pi(t-T_0)}{T}) + \dfrac{V_1 - V_0}{T}(t-T_0) + V_0 \\[3mm] S(t) = \dfrac{(V_1 - V_0)T}{4\pi^2}\cos(\dfrac{2\pi(t-T_0)}{T}) + \dfrac{V_1 - V_0}{2T}(t-T_0)^2 + v_0(t-T_0) + S_0 - \dfrac{T(V_1 - V_0)}{4\pi^2} \end{cases}$$

$$(6\text{-}39)$$

设伺服电机的最大加速度为 $A_{\max}$，则有

$$A(t) \leqslant \frac{2(V_1 - V_0)}{T} \leqslant A_{\max} \qquad (6\text{-}40)$$

为充分发挥系统的运动能力，缩短加速周期，提高生产效率，可取等号，则有

$$T = \frac{2(V_1 - V_0)}{A_{\max}} \tag{6-41}$$

以伺服电机在一个加速周期 T 内由 V_0 加速到 V_1，以及由 V_1 减速到 V_0 为例，伺服电机角位移曲线如图 6-5 所示，角速度曲线如图 6-6 所示，加速度曲线如图 6-7 所示，加加速度曲线如图 6-8 所示。

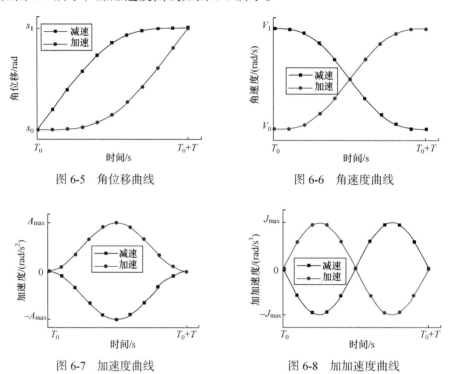

图 6-5　角位移曲线　　　　　　　　图 6-6　角速度曲线

图 6-7　加速度曲线　　　　　　　　图 6-8　加加速度曲线

6.2.3　双伺服电机一个周期内的运动方程

1. 冲压阶段

慢速冲压阶段有较严格的速度要求，因此先规划冲压阶段运动，后规划空程阶段。由此可知，在冲压阶段，系统可看作是曲柄滑块机构，可得

$$w = \frac{2LV}{r(2L\sin\psi + r\sin 2\psi)} \tag{6-42}$$

其中，r 为曲柄长度；L 为连杆长度；V 为滑块速度；w 为曲柄角速度；ψ 为曲柄偏离上死点位置的角度。

代入系统尺寸参数可得

$$w = \frac{2(L_1 + L_3)V}{2R_1(L_1 + L_3)\sin\psi + R_1^2\sin 2\psi} \tag{6-43}$$

由此可知，当 $0 \leqslant \psi \leqslant \pi$ 时，曲柄角速度随着 ψ 的增大先减小后增大；当 $\psi = \frac{\pi}{2}$ 时，曲柄角速度具有最小值，即 $w = V/R_1$。

设

$$w_\alpha = \frac{2(L_1 + L_3)V}{2R_1(L_1 + L_3)\sin\alpha + R_1^2\sin 2\alpha} \tag{6-44}$$

因此，当 $\frac{\pi}{2} \leqslant \alpha \leqslant \pi$ 时，取伺服电机 1 以角速度 $w = V/R_1$ 匀速运行，可保证滑块在整个冲压过程中的速度不超过 V。

当 $0 \leqslant \alpha \leqslant \frac{\pi}{2}$ 时，令伺服电机 1 角速度 $w_{12} = w_\alpha$，可保证滑块在整个冲压过程中的速度不超过 v。因为伺服电机 1 的最大角速度为 $w_{1\max}$，因此当 $w_\alpha > w_{1\max}$ 时，取 $w_{12} = w_{1\max}$，即

$$w_{12} = \begin{cases} w_\alpha, & w_\alpha \leqslant w_{1\max} \\ w_{1\max}, & w_\alpha > w_{1\max} \end{cases} \tag{6-45}$$

在慢速冲压阶段，伺服电机 1 匀速运行，设一个工作周期内的冲压时间为 t_3，则 t_3 可表示为

$$t_3 = \frac{\alpha}{w_{12}} \tag{6-46}$$

在慢速冲压阶段，伺服电机 2 匀速运行，因此 w_{22} 可表示为

$$w_{22} = \frac{\beta}{t_3} \tag{6-47}$$

2. 空程阶段

在一个工作周期内，设伺服电机 1 在空程阶段由 w_{12} 加速到 w_{11} 的加速运行时间为 t_{11}，加速角位移为 s_{11}；伺服电机 1 在空程阶段，匀速运行时间为 t_{12}，匀速角位移为 s_{12}；由加减速柔性过渡规划可知，伺服电机 1 由 w_{11} 减速到 w_{12}，与由 w_{12} 加速到 w_{11} 的时间和角位移相等。伺服电机 2 在空程阶段由 w_{22} 加速到 w_{21} 的加速运行时间为 t_{21}，加速角位移为 s_{21}；伺服电机 2 在空程阶段，匀速运行时间为 t_{22}，匀速转角 s_{22}；由加减速柔性过渡规划可知，伺服电机 2 由 w_{21} 减速到 w_{22} 与由 w_{22} 加速到 w_{21} 的时间和角位移相等。

根据构造的电机加减速函数，有

$$
\begin{cases}
t_{11} = \dfrac{2(w_{11} - w_{12})}{a_{1\max}} \\[3mm]
s_{11} = \dfrac{w_{11} + w_{12}}{2} t_{11} \\[3mm]
t_{21} = \dfrac{2(w_{21} - w_{22})}{a_{2\max}} \\[3mm]
s_{21} = \dfrac{w_{21} + w_{22}}{2} t_{21}
\end{cases}
\tag{6-48}
$$

其中，$a_{1\max}$ 为伺服电机 1 最大角加速度；$a_{2\max}$ 为伺服电机 2 最大角加速度。

由闭合阶段双伺服电机的上死点相位角与冲压起点相位角间的相位差，可得

$$
\begin{cases}
s_{12} = w_{11} t_{12} \\
2s_{11} + s_{12} = 2\pi - \alpha \\
s_{21} = w_{21} t_{22} \\
2s_{21} + s_{22} = 2\pi - \beta
\end{cases}
\tag{6-49}
$$

联立式(6-48)和式(6-49)，可得

$$
\begin{cases}
t_{12} = \dfrac{2\pi - \alpha - (w_{11} + w_{12}) t_{11}}{w_{11}} \\[3mm]
t_{22} = \dfrac{2\pi - \beta - (w_{21} + w_{22}) t_{21}}{w_{21}}
\end{cases}
\tag{6-50}
$$

联立式(6-48)和式(6-50)，可得伺服电机 1 的空程时间 t_1 与伺服电机 2 的空程时间 t_2，即

$$
\begin{cases}
t_1 = \dfrac{2\pi - \alpha}{w_{11}} - \dfrac{2(w_{11}^2 - w_{12}^2)}{a_{1\max} w_{11}} + \dfrac{4(w_{11} - w_{12})}{a_{1\max}} \\[3mm]
t_2 = \dfrac{2\pi - \beta}{w_{21}} - \dfrac{2(w_{21}^2 - w_{22}^2)}{a_{2\max} w_{21}} + \dfrac{4(w_{21} - w_{22})}{a_{2\max}}
\end{cases}
\tag{6-51}
$$

设伺服电机 1 的最大角速度为 $w_{1\max}$，伺服电机 2 的最大角速度为 $w_{2\max}$，根据数学关系，当 w_{11} 和 w_{21} 分别取双伺服电机的最大角速度 $w_{1\max}$ 和 $w_{2\max}$，各自的闭合阶段时间取得最小值，即

$$
\begin{cases}
t_{1\min} = \dfrac{2\pi - \alpha}{w_{1\max}} - \dfrac{2(w_{1\max}^2 - w_{12}^2)}{a_{1\max} w_{1\max}} + \dfrac{4(w_{1\max} - w_{12})}{a_{1\max}} \\[3mm]
t_{2\min} = \dfrac{2\pi - \beta}{w_{2\max}} - \dfrac{2(w_{2\max}^2 - w_{22}^2)}{a_{2\max} w_{2\max}} + \dfrac{4(w_{2\max} - w_{22})}{a_{2\max}}
\end{cases}
\tag{6-52}
$$

基于同步性，双伺服电机在空程阶段的时间应相等，即 $t_1=t_2$。为了最大限度地缩短空程时间，并且使双伺服电机能够同时满足运动要求，则闭合阶段的时间为

$$t_1 = t_2 = \begin{cases} t_{1\min}, & t_{2\min} < t_{1\min} \\ t_{2\min}, & t_{2\min} \geqslant t_{1\min} \end{cases} \tag{6-53}$$

联立式(6-52)和式(6-53)，可得

$$w_{11} = \begin{cases} \begin{aligned} &\Big(a_{1\max}t_{2\min} + 2w_{12} \\ &- \Big\{(a_{1\max}t_{2\min} + 2w_{12})^2 - 2\big[2{w_{12}}^2 + (2\pi-\alpha)a_{1\max}\big]\Big\}^{\frac{1}{2}}\Big)/2, \end{aligned} & t_{1\min} < t_{2\min} \\ w_{1\max}, & t_{1\min} \geqslant t_{2\min} \end{cases} \tag{6-54}$$

$$w_{21} = \begin{cases} \begin{aligned} &\big((a_{2\max}t_{1\min} + 2w_{22}) - \{(a_{2\max}t_{1\min} + 2w_{22})^2 \\ &- 2[2{w_{22}}^2 + (2\pi-\beta)a_{2\max}]\}^{\frac{1}{2}}\big)/2, \end{aligned} & t_{1\min} \geqslant t_{2\min} \\ w_{2\max}, & t_{1\min} < t_{2\min} \end{cases} \tag{6-55}$$

综上所述，在一个工作周期内，伺服电机 1 的运动规划 $w_1(t)$ 如式(6-56)所示，伺服电机 2 的运动规划 $w_2(t)$ 如式(6-57)所示，即

$$w_1(t) = \begin{cases} \dfrac{w_{12} - w_{11}}{2\pi}\sin\dfrac{2\pi t}{t_{11}} + \dfrac{w_{11} - w_{12}}{t_{11}}t + w_{12}, & 0 \leqslant t < t_{11} \\[2mm] w_{11}, & t_{11} \leqslant t \leqslant t_{11} + t_{12} \\[2mm] \dfrac{w_{11} - w_{12}}{2\pi}\sin\dfrac{2\pi[t-(t_{11}+t_{12})]}{t_{11}} \\[2mm] + \dfrac{w_{12} - w_{11}}{t_{11}}[t-(t_{11}+t_{12})] + w_{11}, & t_{11}+t_{12} \leqslant t < 2t_{11}+t_{12} \\[2mm] w_{12}, & t_{11}+2t_{12} \leqslant t < t_{11}+2t_{12}+t_3 \end{cases} \tag{6-56}$$

$$w_2(t) = \begin{cases} \dfrac{w_{22} - w_{21}}{2\pi}\sin\dfrac{2\pi t}{t_{21}} + \dfrac{w_{21} - w_{22}}{t_{21}}t + w_{22}, & 0 \leqslant t < t_{21} \\[2mm] w_{21}, & t_{21} \leqslant t \leqslant t_{21} + t_{22} \\[2mm] \dfrac{(w_{21} - w_{22})}{2\pi}\sin\dfrac{2\pi[t-(t_{21}+t_{22})]}{t_{21}} \\[2mm] + \dfrac{w_{22} - w_{21}}{t_{21}}[t-(t_{21}+t_{22})] + w_{21}, & t_{21}+t_{22} \leqslant t < 2t_{21}+t_{22} \\[2mm] w_{22}, & t_{21}+2t_{22} \leqslant t < t_{21}+2t_{22}+t_3 \end{cases} \tag{6-57}$$

双伺服电机的运动示意图如图 6-9 所示。

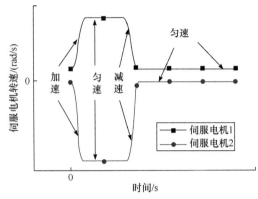

图 6-9　双伺服电机的运动示意图

6.3　基于虚拟样机的动力学分析

本节在 ADAMS 中建立双伺服驱动高速主传动系统的参数化虚拟样机模型，利用 ADAMS 二次开发技术开发一个双伺服驱动高速精冲机主传动系统设计专用模块，将建模与仿真过程自动化，方便分析验证运动方案是否满足要求。此外，由于主传动系统各构件的结构尚未确定，可根据此参数化虚拟样机模型对主传动系统各构件进行静力学分析，为主传动系统各构件的结构设计提供参考。

利用 ADAMS 建立运动学模型时，不用过于在意构件几何形状是否与实际构件形状完全相同，仅需要确保各构件的尺寸，以及各构件相互之间的位置关系是否准确即可。这样不仅可以简化几何建模，提高设计效率，还可以获得准确的运动学仿真分析结果。因此，本节在 ADAMS 中采用连杆创建各曲柄和连杆，利用立方体创建滑块；设置与主传动机构相关的尺寸参数、运动参数为设计变量，当设计变量变化时，与设计变量相关联的参数也随之更新；根据各构件的位移方程，通过参数化点坐标创建主传动系统的参数化几何实体模型；根据运动规划方法建立主传动系统的参数化运动方式；根据主传动系统参数化虚拟样机模型设计用户界面，方便修改模型，提高建模分析效率；为进一步研究主传动系统运动学、静力学作准备[7]。

6.3.1　主传动系统参数化虚拟样机建模

1. 设计变量

由主传动机构运动学分析可知，机构的运动与机构的尺寸参数、双曲柄的初始位置，以及双曲柄的运动状况有关。因此，选取与它们相关的参数作为设计变量，如表 6-1 所示。

表 6-1　设计变量

参数	名称	设计变量	初始值
曲柄 1 长度/mm	R_1	R1	5
曲柄 2 长度/mm	R_2	R2	73
连杆 1 长度/mm	L_1	L1	360
连杆 2 长度/mm	L_2	L2	360
连杆 3 杆长度/mm	L_3	L3	360
铰点 O 与铰点 D 水平方向距离/mm	a	A	287
铰点 O 与铰点 D 竖直方向距离/mm	b	B	365
曲柄 1 初始相位角/rad	α_{10}	A10	0
曲柄 2 初始相位角/rad	α_{20}	B20	0
冲压板厚/mm	X	X	5
滑块极限冲压速度/(mm/s)	V	V	20
伺服电机 1 最大角速度/(rad/s)	w_{1max}	W1MAX	$20\pi/3$
伺服电机 1 最大角加速度/(rad/s²)	a_{1max}	A1MAX	$500\pi/3$
伺服电机 2 最大角速度/(rad/s)	w_{2max}	W2MAX	10π
伺服电机 2 最大角加速度/(rad/s²)	a_{1max}	A1MAX	$1000\pi/3$
伺服电机 2 冲压夹角/rad	β	BEITA	$\pi/18$
冲压时间/s	t_3	T3	
伺服电机 1 空程阶段匀速角速度/(rad/s)	w_{11}	W11	
伺服电机 1 空程阶段匀速时间/s	t_{12}	T12	
伺服电机 1 加、减速阶段时间/s	t_{11}	T11	
伺服电机 1 冲压阶段匀速角速度/(rad/s)	w_{12}	W12	
伺服电机 2 空程阶段匀速角速度/(rad/s)	w_{21}	W21	
伺服电机 2 空程阶段匀速时间/s	t_{22}	T22	
伺服电机 2 加、减速阶段时间/s	t_{21}	T21	
伺服电机 2 冲压阶段匀速角速度/(rad/s)	w_{22}	W22	

2. 实体几何模型

各构件几何模型的定位、运动副的添加、载荷的施加均需要通过点坐标来实现。选取运动连接铰点 O、A、B、C、D、E 为设计点，在 ADAMS 创建设计点

POINT_O-POINT_E，通过函数将设计变量与设计点关联，即通过修改设计变量自动定位运动连接铰点。各设计点坐标如表 6-2 所示。

表 6-2　各设计点坐标

设计点	X 坐标	Y 坐标
POINT_O	0	0
POINT_A	a	b
POINT_B	$R_1\cos(\alpha_1)$	$R_1\sin(\alpha_1)$
POINT_C	$a-R_2\cos(\alpha_2)$	$b-R_2\sin(\alpha_2)$
POINT_D	$R_1\cos(\alpha_1)+L_2\cos(\theta_2)$	$R_1\sin(\alpha_1)+L_2\sin(\theta_2)$
POINT_E	0	$L_3\sin(\theta_3)+R_1\sin(\alpha_1)+L_2\sin(\theta_2)$

表 6-2 中的参数根据位移方程的关系在 ADAMS 中用表 6-1 中的设计变量表示。

设置宽度和深度参数为 40mm 和 20mm，接着选择 O 和 A 两点，创建曲柄 1，选择 C 和 D 两点创建曲柄 2，选择 A 和 B 两点创建连杆 1，选择 B 和 C 两点创建连杆 2，选择 B 和 E 两点创建连杆 3，以 E 点为中心点，创建一个长为 200mm，宽为 100mm，高为 100mm 的长方体滑块。

3. 约束和驱动

在曲柄 1 与大地，曲柄 1 与连杆 1，连杆 1 与连杆 2，连杆 2 与曲柄 2，曲柄 2 与大地，连杆 1 与连杆 3，连杆 3 与滑块之间建立转动副，滑块与大地之间建立移动副。

为分析系统的运动和受力情况，验证主传动系统运动规划方案的可行性，以及为结构设计提供依据，应根据实际情况对主传动系统施加驱动和载荷。根据主传动系统的受力分析，主传动系统受到的外力有双伺服电机的驱动力、冲压阶段滑块受到的工作载荷，以及整个运动周期内系统各构件的重力。由于实体几何模型的质量、质心位置与实际精冲机主传动系统各构件质量、质心位置无关联，为消除各实体几何模型质量对静力学分析结果的影响，设其质量为零。在实际的主传动系统中，滑块的重力较大，根据相关经验可设滑块的重力为 40kN，因此在整个运动周期对滑块施加恒定 40kN 的载荷。为确定主传动系统在不同精冲工艺过程中受到的最大力，为结构设计提供可靠的依据，因此在冲压阶段对滑块施加恒定 3200kN 的载荷，用函数表达式将载荷施加到滑块中。根据式(6-56)和式(6-57)，用函数表达式将双伺服电机的驱动加载到转动副中。

对滑块施加的载荷函数为

$$F = \mathrm{if}(\mathrm{time} - 2t_{12} + t_{11} : 40000, 40000, 3200000) \tag{6-58}$$

则伺服电机 1 驱动曲柄 1 的驱动函数为

$$
\begin{aligned}
w_1 = &\ \mathrm{if}\Big(\mathrm{time} - t_{12} : \frac{w_{12} - w_{11}}{2\pi}\sin\frac{2\pi(\mathrm{time} - t_{12})}{t_{12}} + \frac{w_{11} - w_{12}}{t_{12}}\mathrm{time} + w_{12}, w_{11},\\
&\ \mathrm{if}(\mathrm{time} - (t_{11} + t_{12}) : w_{11}, w_{11}, \mathrm{if}(\mathrm{time} - (t_{11} + 2t_{12}):\\
&\ \frac{w_{11} - w_{12}}{2\pi}\sin\frac{2\pi[\mathrm{time} - (t_{11} + t_{12})]}{t_{12}} + \frac{w_{12} - w_{11}}{t_{12}}[\mathrm{time} - (t_{11} + t_{12})] + w_{11}, w_{12}, w_{12})))
\end{aligned}
$$

$$\tag{6-59}$$

则伺服电机 2 驱动曲柄 2 的驱动函数为

$$
\begin{aligned}
w_2 = &\ \mathrm{if}\Big(\mathrm{time} - t_{22} : \frac{w_{22} - w_{21}}{2\pi}\sin\frac{2\pi(\mathrm{time} - t_{22})}{t_{22}} + \frac{w_{21} - w_{22}}{t_{22}}\mathrm{time} + w_{22}, w_{21},\\
&\ \mathrm{if}(\mathrm{time} - (t_{21} + t_{22}) : w_{21}, w_{21}, \mathrm{if}(\mathrm{time} - (t_{21} + 2t_{22}):\\
&\ \frac{w_{21} - w_{22}}{2\pi}\sin\frac{2\pi[\mathrm{time} - (t_{21} + t_{22})]}{t_{22}} + \frac{w_{22} - w_{21}}{t_{22}}[\mathrm{time} - (t_{21} + t_{22})] + w_{21}, w_{22}, w_{22})))
\end{aligned}
$$

$$\tag{6-60}$$

完成约束和驱动的添加即可建立双伺服驱动高速精冲机主传动系统参数化虚拟样机模型，如图 6-10 所示。

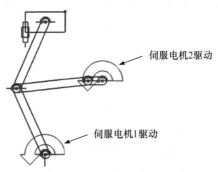

图 6-10　主传动系统参数化虚拟样机模型

4. 模型验证

为检验主传动系统参数化虚拟样机模型的正确性，以表 6-1 中的参数为初始条件，根据数学模型中的滑块位移方程，在 MATLAB 中进行编程，运行求解可得滑块位移随时间的变化关系，在 ADAMS 仿真并提取后处理数据可得滑块的位移随时间的变化关系。虚拟样机模型验证如图 6-11 所示。

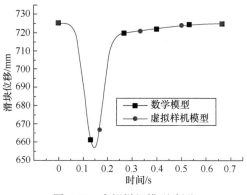

图 6-11   虚拟样机模型验证

由数学模型和虚拟样机模型得到的曲线完全一致，从而验证了虚拟样机模型的正确性。

6.3.2   冲压板厚影响规律

初始条件不变，分别改变冲压板厚为 1mm、5mm、9mm 工件，仿真可得不同冲压板厚的滑块位移曲线、速度曲线、加速度曲线，双伺服电机的驱动扭矩曲线，以及各杆件的受力曲线。

不同冲压板厚下滑块位移曲线如图 6-12 所示。不同冲压板厚的滑块位移曲线有相同的冲压终止点；冲压板厚分为 1mm、5mm、9mm 时，滑块行程分别为 69.90mm、68.17mm、65.72mm，表明随着冲压板厚的增大，滑块行程减小，但影响较小，可满足设计要求。冲压板厚为 1mm、5mm、9mm 时，冲压频率分别为 148.84 次/min、89.64 次/min、68.73 次/min，表明随着冲压板厚度的增大，精冲机冲压频率降低。

不同冲压板厚下滑块速度曲线如图 6-13 所示。冲压板厚为 1mm、5mm、9mm 时，在空程阶段，滑块速度最大值分别为 1046.27mm/s、1150.32mm/s、1313.46mm/s，表明在空程阶段，随着冲压板厚的增大，滑块速度最大值增大；在冲压阶段，滑块速度最大值均为 20mm/s，表明滑块速度在冲压阶段小于设定的滑块极限冲压速度，满足预期的滑块极限冲压速度设计要求，滑块速度变化能够满足快速闭合、慢速冲压、快速回程的精冲工艺要求。

不同冲压板厚下滑块加速度曲线如图 6-14 所示。冲压板厚为 1mm、5mm、9mm 时，空程阶段滑块加速度最大值分别为 40459mm/s²、55912mm/s²、75447mm/s²；冲压阶段滑块加速度最大值分别为 224.06mm/s²、81.11mm/s²、81.11mm/s²。这表明，随着冲压板厚的增大，滑块加速度最大值在空程阶段增大，在冲压阶段先减小后不变。

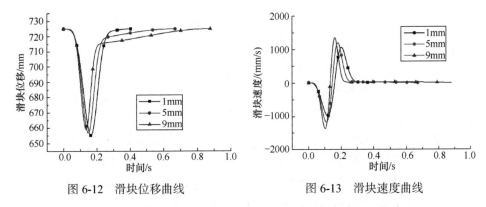

图 6-12　滑块位移曲线　　　　　　　图 6-13　滑块速度曲线

不同冲压板厚下伺服电机 1 驱动扭矩曲线如图 6-15 所示。伺服电机 1 在冲压阶段的驱动扭矩远大于空程阶段的驱动扭矩。冲压板厚分别为 1mm、5mm、9mm 时，伺服电机 1 的驱动扭矩最大值分别为 9.76kN·m、16.20 kN·m、16.20 kN·m。这表明，随着冲压板厚的增大，伺服电机 1 驱动扭矩最大值先增大后不变。

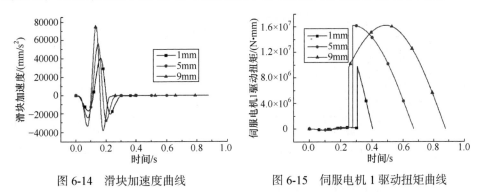

图 6-14　滑块加速度曲线　　　　　图 6-15　伺服电机 1 驱动扭矩曲线

不同冲压板厚下伺服电机 2 驱动扭矩曲线如图 6-16 所示。冲压板厚分别为 1mm、5mm、9mm 时，伺服电机 2 最大驱动扭矩分别为 1.72kN·m、1.74kN·m、1.77kN·m。这表明，随着冲压板厚的增大，伺服电机 2 最大驱动扭矩增大。伺服电机 2 最大驱动扭矩出现在空程阶段，因此可根据实际需要适当增大伺服电机 2 冲压夹角 β 的值。

不同冲压板厚下连杆 1 对曲柄 1 作用力曲线如图 6-17 所示。冲压板厚分别为 1mm、5mm、9mm 时，连杆 1 对曲柄 1 的最大作用力均为 3240kN。这表明，连杆 1 对曲柄 1 的最大作用力不随冲压板厚的变化而变化。

不同冲压板厚下连杆 2 对曲柄 2 的作用力曲线如图 6-18 所示。冲压板厚分别为 1mm、5mm、9mm 时，连杆 2 对曲柄 2 的最大作用力分别为 33.89kN、34.20kN、38.29kN。这表明，随着冲压板厚的增大，连杆 2 对曲柄 2 的最大作用力增大。

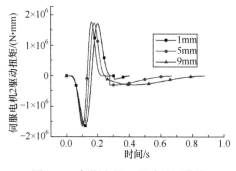
图 6-16　伺服电机 2 驱动扭矩曲线

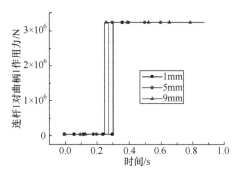
图 6-17　连杆 1 对曲柄 1 作用力曲线

不同冲压板厚下滑块对连杆 3 的作用力曲线如图 6-19 所示。冲压板厚分别为 1mm、5mm、9mm 时，滑块对连杆 3 的最大作用力均为 3240kN。这表明，滑块对连杆 3 的最大作用力不随冲压板厚的变化而变化。

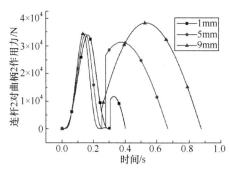

图 6-18　连杆 2 对曲柄 2 作用力曲线

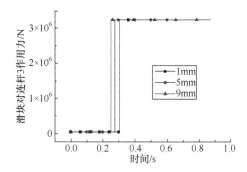
图 6-19　滑块对连杆 3 作用力曲线

6.3.3　滑块极限冲压速度影响规律

初始条件不变，板料厚度为 10mm 时，分别改变滑块极限冲压速度为 10mm/s、30mm/s、50mm/s，仿真可得到不同滑块极限冲压速度下的滑块位移曲线、滑块速度曲线、滑块加速度曲线、双伺服电机的输入扭矩曲线，以及各杆件的受力曲线。

不同滑块极限冲压速度下滑块位移曲线如图 6-20 所示。不同滑块极限冲压速度下滑块位移曲线有相同的冲压终止点；滑块极限冲压速度为 10mm/s、30mm/s、50mm/s 时，滑块行程分别为 68.22mm、68.12mm、68.05mm。这表明，随着滑块极限冲压速度的增大，滑块行程减小，但影响非常小，可满足设计要求。滑块极限冲压速度为 10mm/s、30mm/s、50mm/s 时，冲压频率分别为 55.85 次/min、113.83 次/min、147.42 次/min。这表明，随着滑块极限冲压速度的增大，精冲机冲压频率增加。

不同滑块极限冲压速度下滑块速度曲线如图 6-21 所示。滑块极限冲压速度为 10mm/s、30mm/s、50mm/s 时，在空程阶段，滑块速度最大值分别为 1082.67mm/s、1220.80mm/s、1331.77mm/s，表明在空程阶段随着滑块极限冲压速度的增大，滑块速度最大值增大；在冲压阶段，滑块速度最大值分别为 10mm/s、30mm/s、50mm/s，表明滑块速度最大值在冲压阶段小于设定的滑块极限冲压速度，满足预期的滑块极限冲压速度设计要求，滑块速度变化能够满足快速闭合、慢速冲压、快速回程的精冲工艺要求。

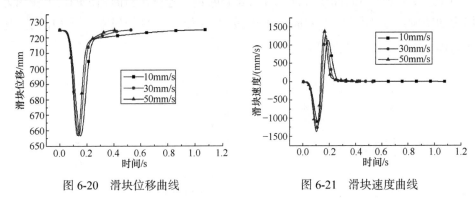

图 6-20 滑块位移曲线   图 6-21 滑块速度曲线

不同滑块极限冲压速度下滑块加速度曲线如图 6-22 所示。滑块极限冲压速度为 10mm/s、30mm/s、50mm/s 时，在空程阶段，滑块加速度最大值分别为 49277mm/s^2、63295mm/s^2、76068mm/s^2，在冲压阶段，滑块加速度最大值分别为 30.74mm/s^2、182.49mm/s^2、506.93mm/s^2。滑块加速度最大值在空程阶段与冲压阶段均随冲压速度的增大而增大。

不同滑块极限冲压速度下伺服电机 1 驱动扭矩曲线如图 6-23 所示。伺服电机 1 在冲压阶段的驱动扭矩远大于空程阶段的驱动扭矩；滑块极限冲压速度为 10mm/s、30mm/s、50mm/s 时，伺服电机 1 的驱动扭矩最大值均为 16.20 kN·m，表明伺服电机 1 的最大驱动扭矩不随滑块极限冲压速度的变化而变化。

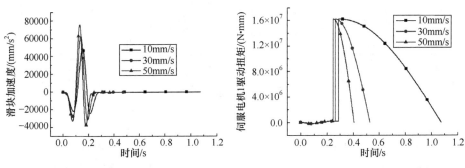

图 6-22 滑块加速度曲线   图 6-23 伺服电机 1 驱动扭矩曲线

不同滑块极限冲压速度下伺服电机 2 驱动扭矩曲线如图 6-24 所示。滑块极限冲压速度分别为 10mm/s、30mm/s、50mm/s 时，伺服电机 2 最大驱动扭矩分别均为 1.74kN·m，表明伺服电机 2 最大驱动扭矩不随滑块极限冲压速度的变化而变化。伺服电机 2 最大驱动扭矩出现在空程阶段，因此可根据实际需要适当增大伺服电机 2 冲压夹角 β 的值。

不同滑块极限冲压速度下连杆 1 对曲柄 1 作用力曲线如图 6-25 所示。滑块极限冲压速度分别为 10mm/s、30mm/s、50mm/s 时，连杆 1 对曲柄 1 的最大作用力均为 3240kN，表明连杆 1 对曲柄 1 的最大作用力不随滑块极限冲压速度的变化而变化。

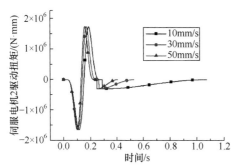
图 6-24　伺服电机 2 驱动扭矩曲线

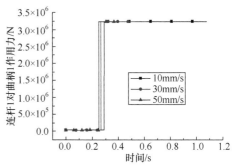
图 6-25　连杆 1 对曲柄 1 作用力曲线

不同滑块极限冲压速度下连杆 2 对曲柄 2 的作用力曲线如图 6-26 所示。滑块极限冲压速度分别为 10mm/s、30mm/s、50mm/s 时，连杆 2 对曲柄 2 的最大作用力分别为 34.18kN、34.20kN、34.21kN，表明随着滑块极限冲压速度的增大，连杆 2 对曲柄 2 的最大作用力增大，但增大幅度非常小。

不同滑块极限冲压速度下滑块对连杆 3 的作用力曲线如图 6-27 所示。滑块极

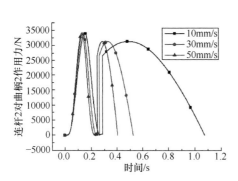
图 6-26　连杆 2 对曲柄 2 作用力曲线

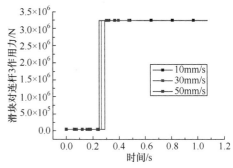
图 6-27　滑块对连杆 3 作用力曲线

限冲压速度分别为 10mm/s、30mm/s、50mm/s 时，滑块对连杆 3 的最大作用力均为 3240kN，表明滑块对连杆 3 的最大作用力不随滑块极限冲压速度的变化而变化。

6.3.4 主传动系统动态特性分析

双伺服驱动高速精冲机主传动系统采用双曲柄七杆机构。该机构涉及的杆件较多，不同的传动布置方案对主传动系统各杆件的受力，以及传动精度具有重要的影响。主传动系统传动布置方案如图 6-28 所示。该传动布置方案的优点是可平稳地传递力与运动，同时减小单根连杆的受力。

图 6-28　主传动系统传动布置方案

由 6.3.3 节对主传动系统参数化虚拟样机模型的仿真分析可知，当精冲机在极限冲压条件下，即冲压板厚为 10mm，极限冲压速度为 50mm/s 时，主传动系统各杆件受力，以及双伺服电机驱动扭矩最大。因此，计算出的极限冲压条件下各杆件的受力和双伺服电机的驱动扭矩可为主传统系统结构设计提供依据。根据仿真结果，伺服电机 1 的最大驱动扭矩为 16.2kN·m，伺服电机 2 的最大驱动扭矩为 1.79kN·m，连杆 1 对曲柄 1 的最大作用力为 3240kN，连杆 2 对曲柄 2 的最大作用力 40.47kN，滑块对连杆 3 的最大作用力为 3240kN。

基于受力分析，对曲轴 1、曲轴 2、连杆 1、连杆 2、连杆 3、底座、滑块等关键零件进行设计，然后将其与标准零件及其他主传动系统零件装配在一起。主传动系统总装配图如图 6-29 所示。

在传统多体动力学分析中，通常假设构件为刚体。各构件受到力的作用时，形状和大小不会发生任何变化。在普通冲压中，把构件看作刚体处理可以满足要求，而在高速精冲中，系统运行速度较快，惯性力大，对系统的运动精度要求高，因此将模型的部分构件进行柔性化处理，在 ADAMS 中建立双伺服驱动高速精冲机刚体和柔性体相互作用的刚柔耦合主传动系统模型，并进行动力学仿真分析。

这样计算结果更准确,更能反映系统的真实运动。由于高速精冲机模型中连杆 1、连杆 2、连杆 3 的长度较长,柔性相对较大,因此选择连杆 1、连杆 2、连杆 3 作为柔性杆处理。连杆 1 及其刚性连接区域如图 6-30 所示。

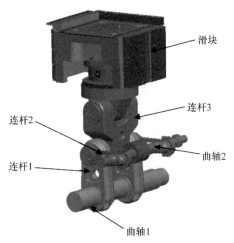

图 6-29　主传动系统总装配图

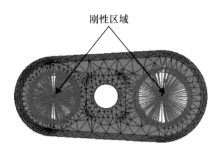

图 6-30　连杆 1 及其刚性连接区域

在 ADAMS 中导入上述模态的中性文件,用柔性的连杆 1、连杆 2、连杆 3 代替原模型中的刚性杆,从而建立高速精冲机刚柔耦合主传动系统模型,如图 6-31 所示。

1. ADAMS 中对间隙的处理

为了更加接近实际情况,还需要考虑构件之间的间隙。在 ADAMS 中无法直接建立含间隙运动副,因此采用 IMPACT 函数建立轴与轴套的碰撞模型描述含间隙运动副之间的关系[8]。轴与轴套的法向碰撞力可表示为

$$F_N = \begin{cases} K\delta^n + \text{step}(\delta,0,0,d_{\max},C_{\max})\dot{\delta}, & \delta > 0 \\ 0, & \delta \leqslant 0 \end{cases} \tag{6-61}$$

图 6-31　刚柔耦合主传动系统模型

其中，$\dot{\delta}$ 为接触点法相对速度；n 为指数；d_{max} 为取最大法向阻尼时的法向穿透深度；C_{max} 为最大法向阻尼系数。

d_{max} 和 C_{max} 决定阻尼函数的具体曲线形式，K 和 n 可通过 Herzt 弹性碰撞模型来确定。根据 Herzt 模型，F_K 和 δ 满足如下关系，即

$$\delta = \sqrt[3]{\frac{9F_K^2}{16E^2R}} \tag{6-62}$$

其中

$$\frac{1}{R} = \frac{1}{R_i} + \frac{1}{R_j} \tag{6-63}$$

$$\frac{1}{E} = \frac{1-\mu_i^2}{E_i} + \frac{1-\mu_j^2}{E_j} \tag{6-64}$$

其中，R_i 和 R_j 分别代表轴和轴套的曲率半径；E_i 和 E_j 分别为轴和轴套材料的弹性模量；μ_i 和 μ_j 分别代表轴和轴套材料的泊松比。

因此，有

$$F_K = \delta^{\frac{3}{2}}\left(\frac{4ER^{\frac{1}{2}}}{3}\right) \tag{6-65}$$

所以，式(6-61)中的指数 n=1.5，等效刚度系数为

$$K = \frac{4ER^{\frac{1}{2}}}{3} \tag{6-66}$$

在 ADAMS 中， $\mathrm{step}(\delta,0,0,d_{\max},C_{\max})$ 为阻尼函数，其数学表达式为

$$\mathrm{step}(\delta,0,0,d_{\max},C_{\max}) = \begin{cases} 0, & \delta \leqslant 0 \\ C_{\max}(\dfrac{\delta}{d_{\max}})^2(3-\dfrac{2\delta}{d_{\max}}), & 0 < \delta < d_{\max} \\ C_{\max}, & \delta \geqslant d_{\max} \end{cases} \tag{6-67}$$

其中， $C_{\max}$ 为最大法向阻尼系数，与轴及轴套的材料属性、形状尺寸有关，通常可取刚度系数的百分之一；$d_{\max}$ 为取最大法向阻尼时的法向穿透深度。

在碰撞模型中，通常假设轴与轴套在一次完整的碰撞过程中，阻尼系数是不变的，考虑 ADAMS 计算的收敛性，比较合理的参数为 $d_{\max}$=0.01mm。图 6-32 为阻尼函数示意图。

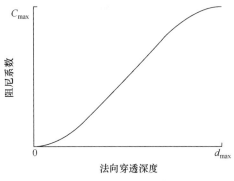

图 6-32　阻尼函数示意图

由于摩擦力取决于法向碰撞力和摩擦系数，在库伦摩擦模型中，两物体由静摩擦向动摩擦或动摩擦向静摩擦的转变中，只是用一个简单的阶跃函数表示，不能准确描述两物体之间的动静变化过程中摩擦力的情况。在 ADAMS 中，采用修整的库伦摩擦模型描述运动副间隙的切向摩擦力，可避免速度方向变化时摩擦力的突变，更真实地反映实际的运动情况。摩擦系数与相对速度之间的关系如图 6-33 所示。数学表达式为

$$u(v) = \begin{cases} -\mathrm{sign}(v)u_d, & |v| > v_d \\ -\mathrm{step}(|v|,v_d,u_d,v_s,u_s)\mathrm{sign}(v), & v_s \leqslant |v| \leqslant v_d \\ \mathrm{step}(v,-v_s,u_s,v_s,-u_s)\mathrm{sign}(v), & |v| < v_s \end{cases} \tag{6-68}$$

其中，u_d 为滑动摩擦系数；u_s 为静摩擦系数；v_s 为静摩擦与滑动摩擦的临界速度；v_d 为最大动摩擦系数对应的速度。

2. 精冲机工作载荷特性

为了便于研究精冲装备的动态特性，精冲载荷需要数值施加。基于精冲原

理,构建的精冲冲压力曲线如图 6-34 所示。采用分段函数构造冲压力函数,弹性变形阶段用一次函数构造,塑性变形阶段用二次函数构造。构造的精冲冲压力函数为

$$F(x)=\begin{cases} \dfrac{45F_{max}x}{8X}, & 0\leqslant x\leqslant\dfrac{1}{6}X \\[4mm] \dfrac{-9F_{max}(x-\dfrac{1}{3}X)^2}{4X^2}+F_{max}, & \dfrac{1}{6}X<x\leqslant X \end{cases} \tag{6-69}$$

其中,X 为冲压板厚;F_{max} 为最大冲压力;x 为冲压行程。

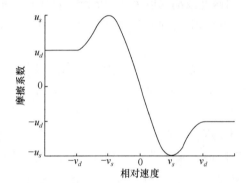

图 6-33　摩擦系数与相对速度之间的关系

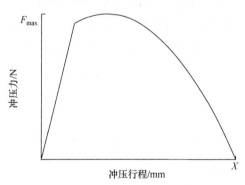

图 6-34　精冲冲压力曲线

3. 动态特性分析

构件之间的间隙值根据加工公差确定。比较在冲压板厚为 5mm,极限冲压速度为 20mm/s,含运动副间隙的情况下,刚体模型与刚柔耦合模型滑块的运动特性曲线。由图 6-35 可知,两种模型的滑块位移曲线形态基本一致,刚体模型的滑块行程为 68.34mm,刚柔耦合模型的滑块行程为 70.67mm,比刚体模型滑块行程大

2.33mm。由图 6-36 可知，在空程阶段，刚体模型中由间隙引起的滑块速度波动峰值为 210mm/s，刚柔耦合模型中由间隙引起的滑块速度波动峰值为 480mm/s；在冲压阶段，刚体模型中由间隙引起的滑块速度波动峰值为 138mm/s，刚柔耦合模型中由间隙引起的滑块速度波动峰值为 157mm/s。两种模型的主要区别在于：在刚柔耦合模型中，由间隙引起的滑块速度波动表现出明显的振荡衰减特性。由图 6-37 可知，在空程阶段，刚体模型中由间隙引起的滑块加速度波动峰值为 4.98m/s²，刚柔耦合模型中由间隙引起的滑块加速度波动峰值为 1.11m/s²；在冲压阶段，刚体模型中由间隙引起的滑块加速度波动峰值为 1.35m/s²，刚柔耦合模型中由间隙引起的滑块加速度波动峰值为 0.69m/s²。两种模型的主要区别在于，刚柔耦合模型，由间隙引起的滑块加速度波动峰值大大减小，动态响应上也表现出明显的振荡衰减特性。

由图 6-38 和图 6-39 可知，在空程阶段，刚体模型中由间隙引起的伺服电机 1 驱动扭矩波动峰值为 988kN·m，刚柔耦合模型中由间隙引起的伺服电机 1 驱动扭矩波动峰值为 761kN·m；刚体模型中由间隙引起的伺服电机 2 驱动扭矩波动峰值为 303kN·m，刚柔耦合模型中由间隙引起的伺服电机 2 驱动扭矩波动峰值为 164kN·m。在冲压阶段，刚体模型中由间隙引起的伺服电机 1 驱动扭矩波动峰值为 142kN·m，刚柔耦合模型中由间隙引起的伺服电机 1 驱动扭矩波动峰值为 123kN·m；刚体模型中由间隙引起的伺服电机 2 驱动扭矩波动峰值为 4kN·m，刚柔耦合模型中由间隙引起的伺服电机 2 驱动扭矩波动峰值为 3.1kN·m。两种模型的主要区别在于，刚柔耦合模型中的双伺服电机驱动扭矩波动峰值相对较小，动态响应上也表现出振动衰减特性。因此，相同间隙下，相对于刚体模型，刚柔耦合模型中由间隙引起的冲击相对减弱，系统运行更加平稳。

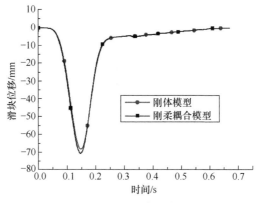

图 6-35　滑块位移曲线

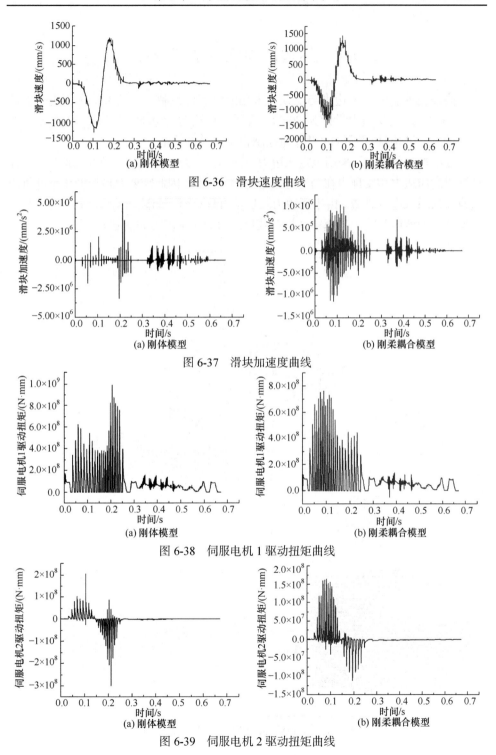

图 6-36　滑块速度曲线

图 6-37　滑块加速度曲线

图 6-38　伺服电机 1 驱动扭矩曲线

图 6-39　伺服电机 2 驱动扭矩曲线

6.4　压边反顶液压系统设计

　　高速精冲装备的压边力与反顶力采用液压系统控制，本装备最大压边力设计为 160kN、最大反顶力设计为 80kN。在最大压边力 160kN 下实现 220 次/min 的高频冲压，这给液压系统的设计与控制带来严峻的挑战。

　　在精冲过程中，常采用恒定压边及顶出力。为了实现增塑精冲成形工艺，即精冲机的压边力和反顶力在精冲过程中为动态可调，因此需要对传统液压精冲机压边及反顶系统进行改造。由于压边力及反顶力具有相同的液压系统结构，这里只列出反顶的液压系统。高速精冲机变载反顶力液压系统图如图 6-40 所示。

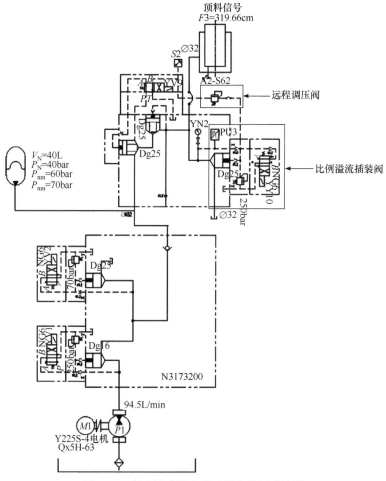

图 6-40　高速精冲机变载反顶力液压系统图

与传统反顶缸液压系统相比,采用比例溢流插装阀替换普通电磁溢流插装阀,通过调节比例溢流阀溢流压力值能实现精冲过程中反顶力伺服可调。为研究改进后顶出缸系统性能,我们在 AMEsim 软件中搭建反顶缸液压系统模型,通过仿真对液压系统性能进行分析。

图 6-41 所示为反顶缸活塞位移图。在顶出缸向上顶出冲压件仅需要 90ms,活塞返程需要 70ms,顶出缸的一个工作周期仅需 180ms,完全满足每分钟 220 次的冲压响应时间。

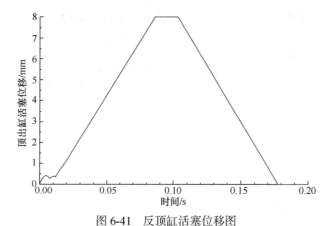

图 6-41 反顶缸活塞位移图

图 6-42 所示为反顶缸活塞运动速度图。在顶出缸活塞刚开始运动时,其速度波动加大。然而,随着时间增加,其速度逐渐稳定在 100mm/s 左右,在整个过程

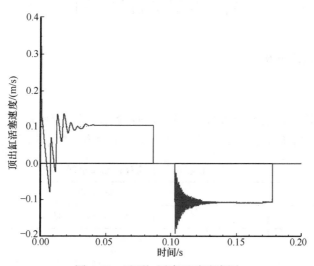

图 6-42 反顶缸活塞运动速度图

中系统具有很强的抗干扰性。由此可知，其返程阶段与顶出阶段有相同的速度特性，改进后的反顶液压缸系统不但具有非常快的响应速度，而且系统性能优良。

图 6-43 所示为反顶缸活塞底部压力图。由此可知，在提供反顶力的过程中(0.1s 后)，顶出缸实际压力与理想输入压力变化趋势具有很好的一致性，且随着时间增加，误差逐渐变小。在 0.2s 时，仅 1.5bar，在误差可接受范围内，同时顶出缸在回程过程中的反顶力伺服可控，从理论上验证了该液压系统的可行性。

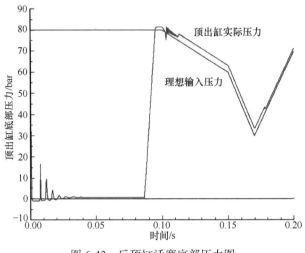

图 6-43　反顶缸活塞底部压力图

6.5　振动分析与控制

6.5.1　精冲机模态分析

1. 机身模态分析

对机身结构进行模态分析时，将机身固定螺栓位置内侧面与大地建立一个固定约束，进行约束模态分析，可以得到机身前十阶固有频率和振型(表 6-3)。

表 6-3　机身前十阶固有频率和振型

固有频率/Hz	振型情况
37.44	上横梁顶部 y 方向的微量变形
38.53	上横梁顶部 x 方向的微量变形
65.35	机身沿 z 方向的扭转变形
112.68	机身底部沿 x 和 z 方向的膨胀变形，y 方向基本无变形

续表

固有频率/Hz	振型情况
129.37	上横梁两侧对称部分结构沿 y 方向内凹
130.16	上横梁两侧对称部分结构内凹沿 y 方向一边内凹一边外凸
153.03	上横梁单侧结构沿 y 方向内凹严重
154.43	上横梁单侧结构沿 y 方向外凸
191.37	机身中部沿 x 方向弯曲变形，y 方向基本无变形
206.98	机身中部沿 x 方向膨胀变形

前六阶振型对应变形量影响较大。机身前六阶模态如图 6-44 所示。

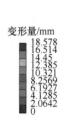

(a) 第一阶模态

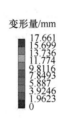

(b) 第二阶模态

(c) 第三阶模态

(d) 第四阶模态

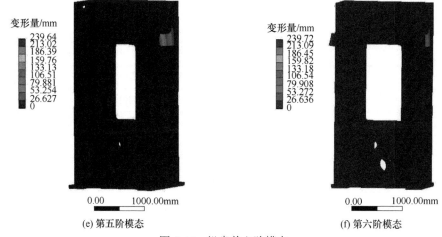

(e) 第五阶模态　　　　　　　　　　　　　　　(f) 第六阶模态

图 6-44　机身前六阶模态

可以看出，低阶固有频率对应机身的变形主要集中在机身的上横梁部分，在设计时可以对尺寸进行适当修改。在高阶固有频率下，机身的变形主要集中在中间立柱位置。

2. 传动系统模态分析

同理，采用有限元方法，计算主传动系统的模态。根据机身施加给主传动系统的约束情况，我们将主传动系统看成一个整体，给主传动系统的曲轴轴承安装位置施加四个支撑约束，模拟导轨的作用，限制滑块在水平方向的位移。分析约束模态，可以得到主传动部分的前十阶固有频率和振型(表 6-4)。

表 6-4　传动系统前十阶固有频率和振型

固有频率/Hz	振型情况
136.08	中间曲轴和两连杆沿 x 方向的变形
204.38	连杆曲轴和齿轮沿 x 方向的变形，y 方向基本无变形
254.45	中间曲轴和两连杆 z 方向的弯曲变形
266.38	中间曲轴 y 方向弯曲变形，中间两连杆扭曲变形
280.27	中间曲轴和两连杆沿 x 方向的变形
422.04	中间曲轴沿 y 方向的弯曲变形
526.48	上中间两连杆弯曲，中间曲轴下沉变形
591.63	连杆曲轴和齿轮沿 x 方向的变形，y 方向基本无变形
619.63	中间曲轴和连杆的扭曲变形
645.16	中间曲轴和连杆的扭曲变形

其前六阶振型对应变形量影响较大。主传动前六阶模态如图 6-45 所示。

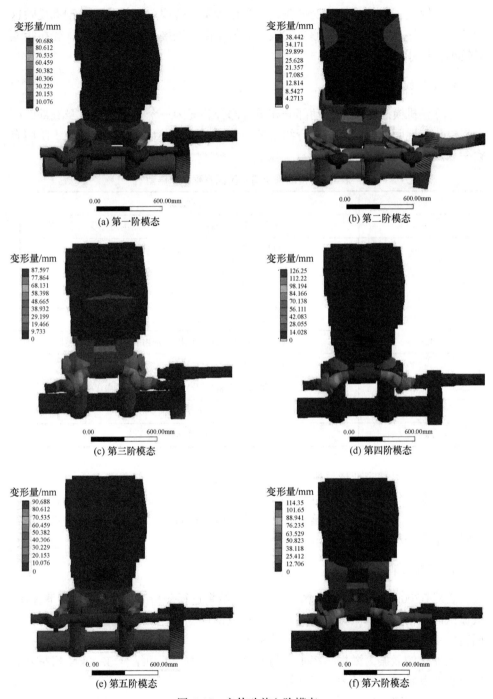

图 6-45　主传动前六阶模态

可以发现，连杆的部位变形较大，是设计中的薄弱点，前几阶振型都反映这个特点。此外，中间曲轴变形影响较大，但是由于连接着小功率电机，受扭矩相对较小，尺寸参数设计较小。

3. 整机模态分析

计算整机模态时，主传动部分和机身部分装配为一个整体。将机身底部的四个螺栓孔与地面固定约束，进行约束模态分析，可以得到整机部分的前十阶固有频率和振型(表 6-5)。

表 6-5　传动系统前十阶固有频率和振型

固有频率/Hz	振型情况
36.94	机身上部沿 z 方向的变形，x 方向基本无变形
38.81	机身上部沿 x 方向的变形，z 方向基本无变形
71.56	机身沿 y 方向的扭曲变形
100.22	机身下部的膨胀和底部向上凹陷变形
125.45	机身上横梁部分对称区域向外沿 z 方向弯曲变形
126.03	机身上横梁部分对称区域分别向外向内沿 z 方向弯曲变形
143.40	机身上横梁部分对称区域向内沿 z 方向弯曲变形
143.74	机身上横梁部分对称区域分别向外向内沿 z 方向弯曲变形
174.24	机身沿 x 方向弯曲变形
645.16	中间曲轴和连杆的扭曲变形

前六阶振型对应变形量影响较大。主传动前六阶模态如图 6-46 所示。

整机模态分析的结果与机身部分相似，分析时将主传动部分看作与靠近底座轴承座位置连为一体，导致整个下半部分整体刚度较大。因此，变形主要集中在整机上半部分和立柱位置。

4. 模态结果分析

在对 3200kN 机械式高速精冲机的模态结果进行分析时，需要了解其激振源。机械式高速精冲机的激振源主要来源于三个位置，即传动系统滑块往复惯性力、回转体不平衡惯性力、模具与工件冲击力。

精冲机的激振力激振频率主要与三个方面有关，下面结合 3200kN 机械式精冲机具体参数对激振频率进行计算。

1) 电机工作转速对应频率

主电机参数：额定转速 0～400r/min，频率为 0～6.67Hz。

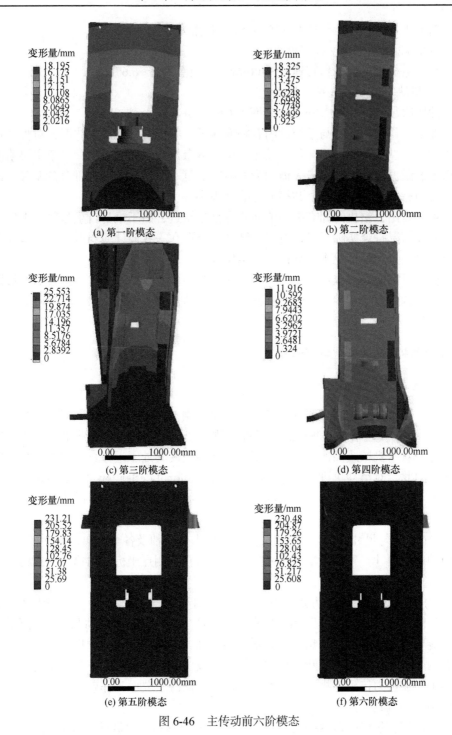

图 6-46　主传动前六阶模态

副电机参数：额定转速 0～350r/min，频率为 0～5.83Hz。

2) 齿轮轴工作转速对应频率

与主电机直连，工作转速 0～400r/min，频率为 0～6.67Hz。

3) 滑块与传动系统对应频率

冲压次数：0～220 次/min，频率为 0～3.33Hz。

如果工作激振频率与系统的固有频率接近，则极有可能发生共振，对整个精冲机的加工性能造成影响，甚至破坏结构。从激振频率可以看出，三个主要激振源产生的激振力激振频率最大值约为 6.67Hz，远小于整机和各个部分的基频，即第一阶固有频率，所以发生共振的可能性极小。

可以看出，整机的固有频率值和机身部分接近，由于机身自重与整机占比较大，因此情况符合实际。可以看出，结构上还存在一些设计薄弱点。这些薄弱点可以通过结合实际工况下的载荷进行结构优化。

从整机的振型可以看出，结构上存在一些振动节点位置。这些位置的变形微弱，在后续的振动实验测试时可避开这些振型节点，以期测试出比较准确的振动变形情况。

6.5.2　精冲机振动测试与变形分析

1. 建立测试模型

测试模型是测试前必需的准备工作，建立测试模型主要考虑以下方面[9,10]。

(1) 确定高速精冲机测试边界条件。测试模型的边界条件有约束边界或者自由边界。对于机械式高速精冲机，使用支撑系统使其处于近似自由边界是难以实现的。因此，对精冲机进行工作变形分析(operational deflection shape，ODS)时，要获取实际工作状态下的变形情况，采用的是约束边界，精冲机的约束边界为实际安装条件。

(2) 标记与尺寸测量。在被测机构上标记出坐标轴及各个方向，并测量各主要方向的基本尺寸。建立模型的尺寸坐标系，防止因测点坐标方向错误导致的测量失误。

(3) 确定测试的激励方式。对于实验模态分析，一般是采用锤击法或者激振器法作为激励输入。ODS 是采用机器本身工作产生的振动作为激励源，这样测量的结果能反映实际情况下的响应，无须外加激励源。对于高速精冲机，振动来源主要有两个方面：一是冲压断裂瞬间弹性力释放引起的机构振动。二是主传动机构的不平衡惯性力传到整机引起的振动。振动激振源主要由工作台区域产生，经机身传递到整机其他部分。

(4) 合适的传感器选择和安装方式。机械式高速精冲机振动测试需选用灵敏度较高的加速度传感器。常用灵敏度是 100MV/g 左右。传感器安装时，要求尽可能固定在被测的部件上。同时，要求传感器与被测机构间没有其他安装部件。有时为了固定传感器，可以采用一些辅助措施。进行振动测试时，根据现有设备条件，选择三向传感器若干，安装方式如图 6-47 所示。传感器采用 454 胶水黏接固定。

图 6-47　传感器安装方式

(5) 确定测点布置和测量的自由度。测点的布置要根据测试者关注的变形，以及预实验分析结果确定。

机械式高速精冲机在工作时，模具工作区域附近的部位振动最明显，也会对加工精度造成直接的影响，所以工作区域附近的振动需要测量。同时，中间区域机架的刚度比上下横梁的整体刚度小很多，滑块的导轨布置在中间区域机架立柱上。因此，机架立柱内侧上也需要布置测点来反映整机的振型。工作台测点布置区域如图 6-48 所示。

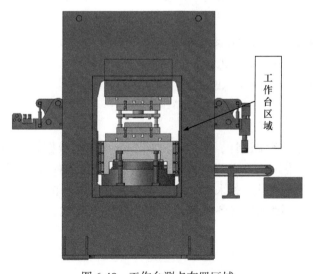

图 6-48　工作台测点布置区域

工作台测点区域是一个立方体对称结构，尺寸为 1480mm×880 mm ×1100mm。因此，测点布置也是均匀划分的。上下横梁由于整体刚度较大，两侧立柱前后对称，部分测点在振动变形上趋于一致，所以上下横梁靠近工作台的区域各布置 3 个测点。两侧立柱内侧靠近工作台区域分别等距布置 3 个测点。由于测点数较多，设备通道数目有限，因此需分批次测量。分批测量过程需保证精冲机运动状态一致。测点分布如图6-49 所示。采用三向加速度传感器分批测量工作台区域 12 个测点的振动加速度。

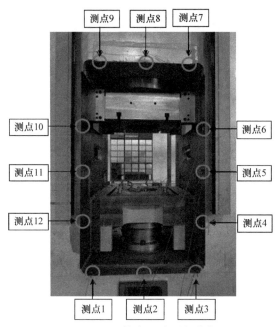

图 6-49　工作台区域测点分布

(6) 连接数据采集系统并校准测量系统。如果各设备正常，便可进行后续的数据采集和测试。机械式精冲机工作台区域振动测试系统安装完成之后准备测试，精冲机振动测试系统如图 6-50 所示。

2. 数据采集与参数识别

按照上述测量系统设计，在 LMS.Test.Lab 中进行数据采集。数据采集分为预采集和正式采集。预采集即对被测结构进行试测，确定合理的参数，包括采样频率、采集量程的设置和采样的时长等。另外，由于机械式精冲机的测量过程是分批测量的，因此检查各批测量数据变化的规律大体一致，并分析数据是否存在问题。

图 6-50　振动测试系统

数据采集完成后对测量数据进行参数识别，即对测量的数据进行模态分析与处理。通过分析从测量数据中提取部分模态参数，并且可以得出时域内不同时刻的振动变形，以及频域内不同模态频率下的变形情况。

3. 振动测试结果分析

在测试过程中，机械式高速精冲机以 87 次/min 的速度在空载工况下进行周期运动。工作台区域分批布置 12 个测试点。

下横梁在运动过程中直接受到惯性载荷作用，靠近工作台区域的振动会直接传递到工作台，造成加工误差。布置在测点 1、测点 2、测点 3 的加速度传感器可以测量到三个方向的振动加速度响应。由于下横梁底部与地面有安装系统连接，整体刚度较大，3 个测点的加速度响应可以反映下横梁整体的响应情况，如图 6-51～图 6-53 所示。

可以看出，各个测点的响应变化规律基本一致，但是在不同时刻的最大值具有差异。测点 2 在 X 方向的响应幅值略大于测点 1 和测点 3，这是因为下横梁内部装有主传动系统，而测点 2 在 X 方向上位于主传动系统旋转轴的正上方。二自由度主传动系统运动产生的不平衡惯性力引起的 X 方向上的响应在测点 2 位置处幅值相较最大。测点 1 和测点 3 沿中轴线对称分布于两侧，所以 X 方向的响应幅值大小相近。3 个测点在 Y 方向上的时域响应幅值基本一致，因为三个测点在 Y 方向相对于主传动系统的位置是一致的。这可以进一步证明，水平方向上的下横梁几个测点部位的振动响应差异主要由主传动机构不平衡惯性力产生。在 Z 方向，测点 2 的振动加速度响应幅值同样略大于测点 1 和测点 3。这个差异一方面是主传动垂直方向惯性力差异造成的，另一方面是因为底部采用螺栓固定，测点 1 和测点 3 距离约束部位较近，所以 Z 方向的响应差异。

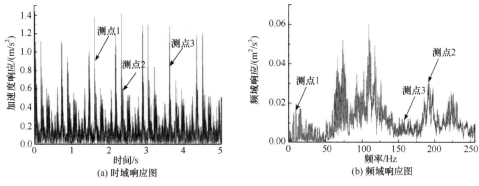

图 6-51　下横梁区域测点 X 方向时域和频域响应

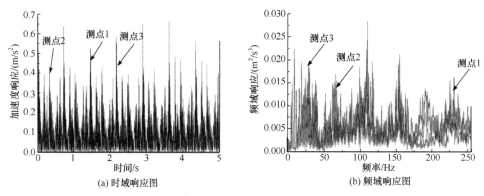

图 6-52　下横梁区域测点 Y 方向时域和频域响应

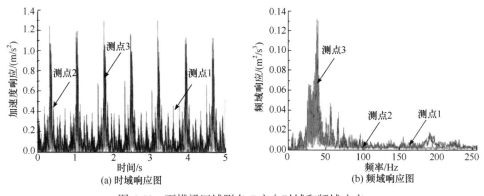

图 6-53　下横梁区域测点 Z 方向时域和频域响应

从各个不同方向的时域响应值可得出，3 个测点在 X 和 Z 方向的响应幅值较大。因为 Y 方向的机身刚度较大且激振输入较小，所以测点在 Y 方向的响应幅值较小。

　　相比上下横梁部位，中间左右两侧立柱位置的刚度较小，变形情况会对整机变形有较大的影响。因此，在立柱上布置了较多的测点，取左侧立柱和右侧立柱上的测点查看变形情况。由于左右立柱为对称结构，变形情况具有高度相似性，因此可取右侧的变形情况进行分析。其时域和频域的响应情况如图 6-54～图 6-56 所示。

　　可以看出，各个测点的变化呈现大体相同的规律，但还是具有差异。在每个周期响应的初期，无论是 X 方向、Y 方向，还是 Z 方向，越靠上端测点的响应幅值越大，从上往下响应幅值呈现衰减的趋势。在每个周期响应中，越上方的测点响应衰减的速度越快，到每周期响应的后期，靠近下方的测点响应幅值开始反超，在各个方向呈现出相同的规律。这种规律产生的原因是，基础系统安装在底部，越靠近上方的测点累计的变形量越大，同时等效的阻尼值也越大，振动响应衰减得也越快。从各个不同方向的时域响应值可得出，立柱上的测点 4、测点 5 和测点 6 在 X、Y、Z 方向上的响应值大小关系与下横梁上测点相似，在 X 和 Z 方向

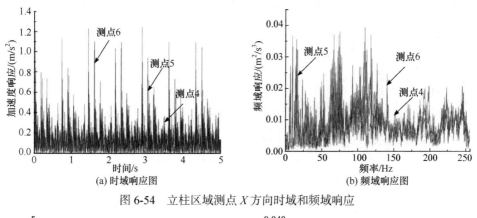

图 6-54　立柱区域测点 X 方向时域和频域响应

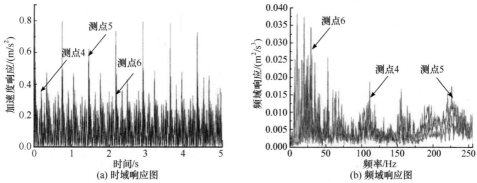

图 6-55　立柱区域测点 Y 方向时域和频域响应

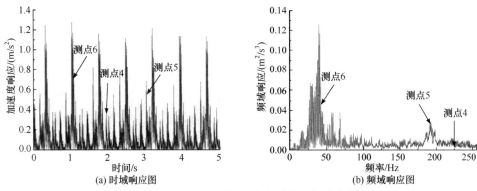

图 6-56　立柱区域测点 Z 方向时域和频域响应

的最大响应幅值较大，Y 方向最大响应幅值较小。其中 X 和 Y 方向上的最大响应幅值有从下往上递增的规律，但 Z 方向各个测点最大响应幅值具有较高的一致性。这是立柱 Z 方向上的刚度较大导致的。

　　上横梁部分整体刚度也较大，从模态分析的结果看，由于上横梁部分距离机身安装系统较远，因此容易产生较大的振动响应。上横梁测点处的振动响应可以反映上横梁整体的振动变形情况。其时域和频域的变形情况如图 6-57～图 6-59 所示。

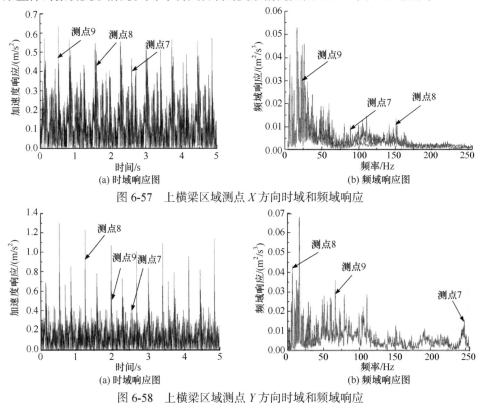

图 6-57　上横梁区域测点 X 方向时域和频域响应

图 6-58　上横梁区域测点 Y 方向时域和频域响应

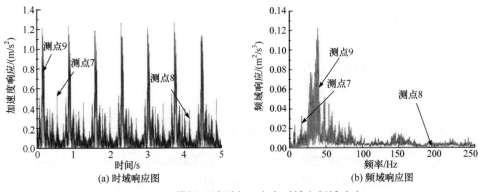

图 6-59　上横梁区域测点 Z 方向时域和频域响应

从上横梁区域三个测点各方向的时域响应可以看出，各个测点响应的变化规律高度一致，在不同时刻的最大值差异极小。这是因为上横梁三个测点距离主传动部分激励作用区域较远，受主传动激励相对位置不同造成的影响较小，而且上横梁整体刚度较大。

从各个不同方向的响应值可得出，立柱上的测点 7、测点 8 及其在 Y、Z 方向的响应值较大，在 X 方向上的加速度响应值较小，说明在上横梁上，Y、Z 方向上的振动较为严重。

上述分析针对工作台区域的振动时域变形，将其时域响应处理后，在 LMS.Test.Lab 中可以得到对应的频域响应数据。

从各个测点不同方向的频域响应值可以看出，ODS 方法工作变形状态下只有部分频率对应的振动变形被激起，不同频率下的变形叠加组成该测点在该方向的总变形。其中前四阶固有频率附近的频域响应值最大，占最大的比例。计算模态分析频率值与实验测试值对比如表 6-6 所示。

表 6-6　计算模态分析频率值与实验测试值对比

阶数	计算模态值/Hz	实验测试值/Hz	相对误差/%
1	36.94	37.59	1.76
2	38.81	38.97	0.41
3	71.56	73.63	2.89
4	100.22	102.77	2.54

可以看出，计算模态分析得到的前几阶固有频率与实验测试得到的前几阶固有频率之间的误差都在 3% 以内，因此计算模态分析的结果是比较准确的，但仍存在一些误差，造成误差的主要原因如下。

(1) 计算模态分析的约束边界与实际条件有差异，计算模态分析采用螺栓部分完全约束的方法，实际边界下螺栓不是完全固定。

(2) 计算模态分析中对有限元模型进行简化，忽略接触位置造成的误差。

6.5.3　主传动机构动平衡优化

1. 机构分析

本书研究设计的机械式高速精冲机总压力为 3200kN，滑块行程为 70mm，最大滑块行程次数为 220 次/min，最大冲压板厚为 10mm。

如图 6-1 所示，为了方便描述，以 A 点为原点建立笛卡儿坐标系，X 轴正方向水平向右，Y 轴正方向竖直向上，S_i (i=1,2,…,5) 表示各个杆件的质心位置，l_{si} (i=1,2,…,5) 为各杆件节点到质心的长度，m_{sj} (j=1,2,…,5,F) 为各杆件节点到质心的长度。各杆件的参数如下，AB 长度 l_1=5mm；BC 长度 l_2=360mm；CD 长度 l_3=360mm；DE 长度 l_4=73mm；CF 长度 l_5=360mm；节点 A 与节点 E 的水平距离 a=287mm；节点 A 与节点 E 的竖直距离 b=365mm。

该主传动机构能够有效降低电机扭矩，便于实现较好的运动特性，为了对机构进一步探究，对机构进行运动学和动态静力学分析得到激振力和激振力矩变化情况[11]。

2. 主传动机构运动学与动力学分析

要获取各杆件之间的运动关系，需要先对主传动机构进行运动学分析。运用矢量法对该机构进行运动学分析，包括两个闭环 ABCF 和 ABCDE，可得

$$AB + BC + CF = AF \tag{6-70}$$

$$AB + BC = AE + ED + DC \tag{6-71}$$

向 X、Y 方向投影，可以得到两个方向投影的公式。通过求解公式，可以得到运动构件连接点坐标，即

$$\begin{bmatrix} (X_A, Y_A) \\ (X_B, Y_B) \\ (X_C, Y_C) \\ (X_D, Y_D) \\ (X_E, Y_E) \\ (X_F, Y_F) \end{bmatrix} = \begin{bmatrix} (0, 0) \\ (l_1\cos\theta_1, l_1\sin\theta_1) \\ (a+l_4\cos\theta_4+l_3\cos\theta_3, b+l_4\sin\theta_1+l_3\sin\theta_3) \\ (a+l_4\cos\theta_4, b+l_4\sin\theta_1) \\ (a, b) \\ (0, l_1\sin\theta_1+l_2\sin\theta_2+l_5\sin\theta_5) \end{bmatrix} \tag{6-72}$$

同理，可求得各部件质心位置的坐标，即

$$
\begin{bmatrix}
(X_{S1}, & Y_{S1}) \\
(X_{S2}, & Y_{S2}) \\
(X_{S3}, & Y_{S3}) \\
(X_{S4}, & Y_{S4}) \\
(X_{S5}, & Y_{S5})
\end{bmatrix}
=
\begin{bmatrix}
(l_{S1}\cos\theta_1, & l_{S1}\sin\theta_1) \\
(l_1\cos\theta_1+l_{S2}\cos\theta_2, & l_1\sin\theta_1+l_{S2}\sin\theta_2) \\
(a+l_4\cos\theta_4+l_{S3}\cos\theta_3, & b+l_4\sin\theta_4+l_{S3}\sin\theta_3) \\
(a+l_{S4}\cos\theta_4, & b+l_{S4}\sin\theta_4) \\
(l_1\cos\theta_1+l_2\cos\theta_2+l_{S5}\cos\theta_5, & l_1\sin\theta_1+l_2\sin\theta_2+l_{S5}\sin\theta_5)
\end{bmatrix}
$$

$$(6\text{-}73)$$

上述公式反映各个部件连接点和质心位置坐标随角度的变化情况，可以为后续动态静力学分析提供实时坐标位置参考。

对主传动机构进行动态静力学分析，根据运动学规划，求激振力和激振力矩的过程中主要考虑主传动机构在非冲压的高速段运动，假设两原动件匀速转动，所有构件为刚体，忽略构件间的摩擦和间隙。因为重力为静态力，在该过程中忽略重力，可以得到各运动构件的受力分析情况，即

$$
\begin{cases}
F_{A1X}+F_{21X}+R_{S1X}=0 \\
F_{A1Y}+F_{21Y}+R_{S1Y}=0 \\
F_{A1X}\cdot(Y_{S1}-Y_A)+F_{A1Y}\cdot(X_A-X_{S1})-F_{21X}\cdot(Y_B-Y_{S1})-F_{21Y}\cdot(X_{S1}-X_B)+J_1\cdot\alpha_1=0
\end{cases}
$$

$$(6\text{-}74)$$

$$
\begin{cases}
F_{12X}+F_{C2X}+R_{S2X}=0 \\
F_{12Y}+F_{C2Y}+R_{S1Y}=0 \\
F_{12X}\cdot(Y_{S2}-Y_B)+F_{12Y}\cdot(X_B-X_{S2})-F_{C2X}\cdot(Y_C-Y_{S2})-F_{C2Y}\cdot(X_{S2}-X_C)+J_2\cdot\alpha_2=0
\end{cases}
$$

$$(6\text{-}75)$$

$$
\begin{cases}
F_{43X}+F_{C3X}+R_{S3X}=0 \\
F_{43Y}+F_{C3Y}+R_{S3Y}=0 \\
F_{43X}\cdot(Y_{S3}-Y_D)+F_{43Y}\cdot(X_D-X_{S3})-F_{C3X}\cdot(Y_C-Y_{S3})-F_{C3Y}\cdot(X_{S3}-X_C)+J_3\cdot\alpha_3=0
\end{cases}
$$

$$(6\text{-}76)$$

$$
\begin{cases}
F_{E4X}+F_{34X}+R_{S4X}=0 \\
F_{E4Y}+F_{34Y}+R_{S4Y}=0 \\
F_{E4X}\cdot(Y_{S4}-Y_E)+F_{E4Y}\cdot(X_E-X_{S4})-F_{34X}\cdot(Y_D-Y_{S4})-F_{34Y}\cdot(X_{S4}-X_D)+J_4\cdot\alpha_4=0
\end{cases}
$$

$$(6\text{-}77)$$

$$
\begin{cases}
F_{C5X}+F_{F5X}+R_{S5X}=0 \\
F_{C5Y}+F_{F5Y}+R_{S5Y}=0 \\
F_{C5X}\cdot(Y_{S5}-Y_C)+F_{C5Y}\cdot(X_C-X_{S5})-F_{F5X}\cdot(Y_F-Y_{S5})-F_{F5Y}\cdot(X_{S3}-X_D)+J_5\cdot\alpha_5=0
\end{cases}
$$

$$(6\text{-}78)$$

$$\begin{cases} F_{5FX} + N_F = 0 \\ F_{5FY} + R_{SFY} = 0 \\ F_{C2X} + F_{C3X} + F_{C5X} = 0 \\ F_{C2Y} + F_{C3Y} + F_{C5Y} = 0 \end{cases} \tag{6-79}$$

其中，$F_{A1\Delta}$、$F_{12\Delta}$、$F_{C2\Delta}$、$F_{C3\Delta}$、$F_{34\Delta}$、$F_{E4\Delta}$、$F_{C5\Delta}$、$F_{F5\Delta}$（Δ 为 X、Y）为铰接点 A、B、C、D、E 和 F 上的约束力；N_F 为滑块上的水平约束力；R_{SiX} 和 R_{SiY}（$i=1,2,\cdots,5,F$）为各个运动部件的惯性力；J_m（$m=1,2,\cdots,5$）为各个杆件的转动惯量；α_n（$n=1,2,\cdots,5$）为各个杆件的转动加速度。

在空载和不计重力的情况下，传动机构对整机的作用力可以总结为沿 X 和 Y 方向的激振力 F_X 和 F_Y，以及沿原点的激振力矩 M，即

$$\begin{cases} F_X = F_{1AX} + F_{4EX} + N_F \\ F_Y = F_{1AY} + F_{4EY} \\ M = -F_{4EY}b + F_{4EY} \cdot a - N_F Y_F \end{cases} \tag{6-80}$$

3. 主传动机构激振力和激振力矩

对于 3200kN 高速精冲机，其主传动系统实体模型如图 6-60 所示。

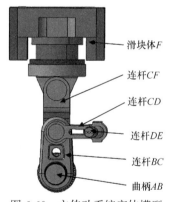

图 6-60　主传动系统实体模型

传统方法设计的主传动系统参数如表 6-7 所示。

表 6-7　传统方法设计的主传动系统参数

参数	l_{S1} /m	l_{S2} /m	l_{S3} /m	l_{S4} /m	l_{S5} /m	m_{S1} /kg	m_{S2} /kg	m_{S3} /kg	m_{S4} /kg	m_{S5} /kg	m_{SF} /kg
数值	0.0000 89	0.172	0.174	0.004	0.129	127	223	32	69	330	1274

将该参数代入式(6-73)~式(6-80)，该传动机构激振力和激振力矩随时间分布情况如图 6-61 所示。

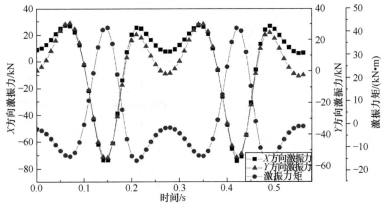

图 6-61　激振力和激振力矩随时间分布情况

可以看出，X 方向和 Y 方向的激振力趋势具有相似性，在冲压频次处于最高时，最大值均达到 75kN 左右。可见，采用传统方法设计的主传动机构的激振力和激振力矩的值仍然处于较高的水平，容易导致整机较大的振动响应。因此，进行综合优化尽可能地减少激振力和激振力矩是十分必要的。

4. 动平衡综合优化

1) 动平衡优化设计流程

根据高速精冲机的振动来源，对于高速精冲机高频振动，本书先进行被动振动控制，降低传动机构不平衡惯性力导致的整机振动[12]。

机构的动平衡分为完全平衡、部分平衡和综合优化平衡。由于主传动机构滑块移动副的存在，很多情况下振摆力矩无法完全平衡，进行完全平衡需要增加质量配重或主动惯量配重。这会使机构变得十分复杂，寿命和可靠性降低，因此进行优化动平衡来减少激振力和激振力矩更具有工程意义。但是，激振力和激振力矩在减小的过程中是矛盾的，减小激振力容易使激振力矩增大，所以需要进行综合的优化平衡，尽可能地减小激振力和激振力矩。

动平衡综合优化的主要思路是进行质量再分布。由于继续增加机构复杂度不利于工程上的应用，因此通过对其进行质量再分布达到不改变机构形式和基本长度尺寸的基础上，最大限度地减小激振力和激振力矩，达到改善振动特性的效果。综合动平衡优化设计流程如图 6-62 所示。

2) 动平衡优化假设

为了达到更好的优化效果，保证优化的正常进行，需要简化动平衡优化的数学模型，提出如下动平衡综合优化的基本假设。

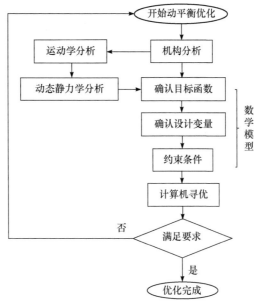

图 6-62　综合动平衡优化设计流程

(1) 原动件等速转动。

(2) 主传动所有构件均为刚体，且质心与连杆连接点连线重合。

(3) 忽略构件之间的摩擦和间隙。

(4) 忽略启停机和冲压引起的机身振动。

(5) 忽略各运动构件的重力。

3) 动平衡优化数学模型

(1) 设计变量。如图 6-60 所示，在工程实践中的机构形式确定后，调整主传动机构质量分配进行动平衡优化是可行的方案。基于简化模型的基本假设，决定主传动机构质量分布的主要是各运动构件的质量，以及质心位置。由于假设中质心与连杆连接点连线重合，因此可以以各运动构件的质量和质心距连接点的距离为设计变量，即

$$X = [x_1\ x_2\ x_3\ x_4\ x_5\ x_6\ x_7\ x_8\ x_9\ x_{10}\ x_{11}]^{\mathrm{T}}$$
$$= [l_{S1}\ l_{S2}\ l_{S3}\ l_{S4}\ l_{S5}\ m_{S1}\ m_{S2}\ m_{S3}\ m_{S4}\ m_{S5}\ m_{SF}]^{\mathrm{T}} \tag{6-81}$$

其中，x_p $(p=1,2,\cdots,11)$对应 l_{Si} 和 m_{Si} 等 11 个参数；l_{Si} $(i=1,2,\cdots,5)$为各杆件节点到质心的长度；m_{Sj} $(j=1,2,\cdots,5,F)$为各杆件节点到质心的长度。

(2) 目标函数。在前面的讨论中，激振力和激振力矩通过机架作用于机身，引

起整机振动。因此，要改善整机的振动特性，进行动平衡优化最直接的方式是减少激振力和激振力矩。这里以机构激振力和激振力矩最小为优化目标函数。

在确定多目标优化的具体的目标函数后，求解的最简单有效的基本方法是构建一个新的合适的评价函数，将多目标优化问题转变为单目标优化问题。目前构建新的评价函数的方法主要有线性加权法、几何平均法、平方和加权法、归一化方法等。目标函数可以定义为

$$F = \frac{1}{3}(F_X{}^2 + F_Y{}^2 + M^2) \tag{6-82}$$

(3) 约束条件。设计变量为各运动构件的质量和质心距连接点的距离，则约束条件主要对设计变量的变化范围进行约束，即

$$\begin{cases} l_{\min} - l_{si} \leqslant 0 \\ l_{si} - l_{\max} \leqslant 0 \\ m_{\min} - m_{si} \leqslant 0 \\ m_{si} - m_{\max} \leqslant 0 \end{cases} \tag{6-83}$$

结合该机构的具体情况和初始条件，变量约束范围如表 6-8 所示。

表 6-8　变量约束范围

变量	l_{S1} /m	l_{S2} /m	l_{S3} /m	l_{S4} /m	l_{S5} /m	m_{S1} /kg	m_{S2} /kg	m_{S3} /kg	m_{S4} /kg	m_{S5} /kg	m_{SF} /kg
最小值	0.0004	0.122	0.124	0.004	0.1	100	190	22	59	280	1230
最大值	0.001	0.222	0.224	0.023	0.2	150	253	52	90	350	1320

4) 动平衡优化结果对比与分析

基于遗传算法工具箱对设计变量进行计算机寻优，可以得到最优的一组参数，能够综合优化目标函数的各项指标。优化设计的主传动系统参数如表 6-9 所示。

表 6-9　优化设计的主传动系统参数

参数	l_{S1} /m	l_{S2} /m	l_{S3} /m	l_{S4} /m	l_{S5} /m	m_{S1} /kg	m_{S2} /kg	m_{S3} /kg	m_{S4} /kg	m_{S5} /kg	m_{SF} /kg
数值	0.001	0.222	0.124	0.004	0.152	125.3	230.6	33.9	74.4	318.3	1230

将优化结果代入式(6-73)～式(6-80)，可以得到优化后和传统方法设计下的激振力和激振力矩随时间的变化情况，如图 6-63 所示。

可以看出，跟传统方法设计下的结构相比，进行动平衡优化后，整体质量分布调整优化了激振力和激振力矩。与传统方法相比，整机水平方向的激振力 F_X 最大值下降 18.2%，每周期绝对值平均值下降 19.74%；竖直方向激振力 F_Y 最大值

下降 1.67%，每周期绝对值平均值下降 2.59%；坐标系原点位置的激振力矩 M 最大值下降 16.66%，每周期绝对值平均值下降 20.01%。

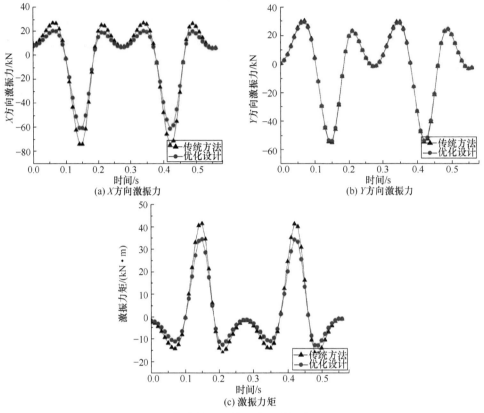

(a) X 方向激振力　　　　　　　　　　　(b) Y 方向激振力

(c) 激振力矩

图 6-63　优化前后的激振力和激振力矩对比图

由优化结果可知，动平衡优化可以有效地降低激振力和激振力矩，以及不平衡惯性力引起的振动响应。

优化后可以获得较优的尺寸和质心分布，在原杆件的基础上对主传动机构的杆件进行改造，以满足主传动系统整体的综合优化动平衡，改造方法可以如图 6-64 所示。在不影响原杆件结构强度和使用性能基础上，扩大空腔，减去质量 $m^{\ominus}$，或者反向添加小配重 $m^{\oplus}$，可以改变质心 S_i 距两连接点距离，实现整体的优化动平衡。

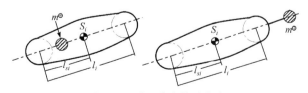

图 6-64　质心分布修改方案

6.5.4　主动振动控制

1. 自适应振动控制器设计

1) 自适应振动控制算法

自适应振动控制器是精冲机主动振动控制系统的核心，而自适应控制的核心是算法的选择与设计。在自适应控制的多种方法中，最小均方自适应算法是一种常采用的方法[13,14]。梯度搜索法可以较快地得到收敛解，实施较为简单。

最小均方自适应算法采用均方误差作为目标函数，即

$$F(e(n)) = \varepsilon(n) = E(e^2(n)) = E(d^2(n) - 2d(n)y(n) + y^2(n)) \tag{6-84}$$

精冲机自适应主动振动控制器的滤波器采用 FIR 结构。自适应 FIR 滤波器如图 6-65 所示。

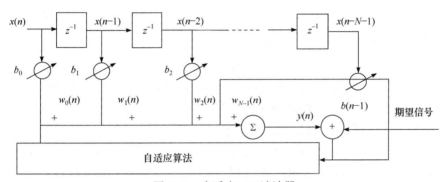

图 6-65　自适应 FIR 滤波器

图中，$x(n)$ 为精冲机自适应主动振动控制滤波器的输入；$y(n)$ 为精冲机自适应主动振动控制滤波器的输出；$w(n)$ 为冲激响应，$w(n)=\{w(0), w(1), \cdots, w(n-1)\}$，可得

$$y(n) = W^{\mathrm{T}}(n)X(n) = \sum_{i=0}^{N-1} w_i(n)x(n-i) \tag{6-85}$$

对于横向结构的滤波器，代入 $y(n)$ 的表达式，可得

$$\varepsilon = E(d^2(n)) + W^{\mathrm{T}}(n)RW(n) - 2W^{\mathrm{T}}(n)P \tag{6-86}$$

其中，$N×N$ 的自相关矩阵 $R = E(X(n)X^{\mathrm{T}}(n))$ 为输入信号采样值间的相关性矩阵；$N×1$ 互相关矢量 $P = E(d(n)X(n))$ 代表理想信号 $d(n)$ 与输入矢量的相关性。

采用梯度下降法寻优，当不断满足下式，即

$$\frac{\partial \varepsilon}{\partial W(n)}_{w(n)=w^*} = 0 \tag{6-87}$$

均方误差 ε 达到最小时，可以得到最佳权系数。

求解线性方程组，如果 R 满秩，可得权系数最佳值满足 $W^* = R^{-1}P$，即

$$\begin{bmatrix} w_0^* \\ w_1^* \\ \vdots \\ w_{(n-1)}^* \end{bmatrix} = \begin{bmatrix} \phi_x(0) & \phi_x(1) & \cdots & \phi_x(n-1) \\ \phi_x(1) & \phi_x(0) & \cdots & \phi_x(n-2) \\ \vdots & \vdots & & \vdots \\ \phi_x(n-1) & \phi_x(n-2) & \cdots & \phi_x(0) \end{bmatrix}^{-1} \begin{bmatrix} \phi_{xd}(0) \\ \phi_{xd}(1) \\ \vdots \\ \phi_{xd}(n-1) \end{bmatrix} \tag{6-88}$$

其中，$\phi_x(m) = E(x(n)x(n-m))$ 表示 $x(n)$ 的自相关值；$\phi_{xd}(k) = E(x(n)d(n-k))$ 表示 $x(n)$ 与 $d(n)$ 互相关值。

在实际应用中，很难获取信号的自相关值和互相关值。在实际应用中可采取梯度估计值来代替，即

$$\hat{g}_w(n) = -2d(n)x(n) + 2x(n)x^{\mathrm{T}}(n)w(n) = 2x(n)(-d(n) + x^{\mathrm{T}}(n)w(n)) \tag{6-89}$$

使用梯度估计值来替代真实值，可得

$$w(n+1) = w(n) + 2\mu e(n)x(n) \tag{6-90}$$

即最小均方算法的迭代方程。在实际应用中，μ 的取值会影响算法的性能，导致算法的收敛速度、跃变跟踪能力和稳态失调发生变化。由于上述迭代算法中，其步长是固定的，当算法迭代取较大的 μ 值时，收敛速度加快，但是较大的 μ 值容易导致稳态失调问题。当算法迭代取较小的 μ 值时，又存在收敛速度下降问题。因此，合理 μ 值的选取使迭代步长控制在合理的范围内可以调和收敛速度和稳态失调之间的矛盾。

在最小均方算法的基础上，采用变步长的方法，搜索初期采用较大的步长保证收敛速度，搜索后期接近最优值，采用较小的步长，将稳态失调维持在较小范围保证搜索精度，称为变步长归一化最小均方算法，即

$$w(n+1) = w(n) + 2\mu_n e(n)x(n) = w(n) + \Delta w(n) \tag{6-91}$$

依据最小均方算法瞬时平方误差表达式，变步长归一化最小均方算法的瞬时平方误差可表示为

$$\begin{aligned} \tilde{e}^2(n) = {} & e^2(n) + 2\Delta w^{\mathrm{T}}(n)x(n)x^{\mathrm{T}}(n)w(n) \\ & + \Delta w^{\mathrm{T}}(n)x(n)x^{\mathrm{T}}(n)w(n) - 2d(n)\Delta w^{\mathrm{T}}(n)x(n) \end{aligned} \tag{6-92}$$

可得

$$\Delta e^2(n) = \tilde{e}^2(n) - e^2(n) = -2\Delta w^{\mathrm{T}}(n)x(n)e(n) + \Delta w^{\mathrm{T}}(n)x(n)x^{\mathrm{T}}(n)w(n) \tag{6-93}$$

由 $\Delta w(n) = 2\mu_n e(n)x(n)$，可得

$$\Delta e^2(n) = -4\mu_n e^2(n)x^{\mathrm{T}}(n)x(n) + 4\mu_n e^2(n)(x^{\mathrm{T}}(n)x(n))^2 \tag{6-94}$$

为使 $\Delta e^2(n)$ 最小化，达到瞬时平方误差接近平方误差，使 $\dfrac{\mathrm{d}\Delta e^2(n)}{\mathrm{d}\mu_n} = 0$，可得

$$\mu_n = \frac{1}{2x^{\mathrm{T}}(n)x(n)} \tag{6-95}$$

考虑收敛速度，为避免稳态失调，引入固定数值的收敛因子 μ_k，避免迭代值中分母很小时出现大步长。同时，引入另外一个参数 γ，对分母也进行调节，则可得新的变步长归一化最小均方算法的更新迭代方程，即

$$w(n+1) = w(n) + \frac{\mu_k}{\gamma + x^{\mathrm{T}}(n)x(n)}e(n)x(n) \tag{6-96}$$

2) 精冲机自适应前馈主动振动控制

根据精冲机自适应主动振动控制的原理，精冲机主传动部分给整机包括机身施加了竖向的激励力，作动器安装于机身，施加与主传动部分激振力相反的控制力来抵消原有振动，实现主动消振。

因为机身上的振动方便测量，取机身上下横梁处的振动为控制系统的观测部位。主传动系统产生的激励力 $F(n)$，通过初级通道传递到机身产生振动响应 $d(n)$。$d(n)$ 作为自适应主动振动控制的参考输入。$R(n)$ 为控制输入，取值为激振力的估计值，通过自适应前馈控制调节 $R(n)$ 减少机身上的振动响应，从而达到减少整机关键部位振动的效果。其控制框图如图 6-66 所示。

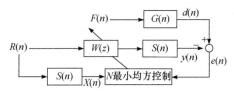

图 6-66　精冲机主动振动控制框图

图中，$F(n)$ 为主传动系统产生的激励力；$d(n)$ 为激振力响应，作为参考输入；$e(n)$ 为控制系统误差，控制系统稳定后有控下的输出；$W(z)$ 为自适应控制器，由上述归一化 N 最小均方控制算法对权值系数进行调节；$R(n)$ 为激振力估计值，保证与外界激振的强相关性；$G(n)$ 反映激振力到机身的传递函数；$S(n)$ 为控制力到机身的传递函数。滤波器采用 FIR 滤波器。

基于上述控制框图，补偿通道加入后，整个控制系统均方误差可表示为

$$F(e(n)) = \varepsilon(n) = E(e^2(n)) = E(d^2(n) - 2d(n)y(n) + y^2(n)) \tag{6-97}$$

则 N 阶滤波器的控制输出为

$$y(n) = S(n) * \sum_i^N w(n)R(n) = \int_0^\infty S(n-\tau) * (\sum_i^N w(\tau)R(\tau)) \tag{6-98}$$

均方误差的梯度值为

$$g_w = \frac{\mathrm{d}E(e^2(n))}{\mathrm{d}w} = -E(2e(n)S(n)R(n)) \tag{6-99}$$

由变步长归一化最小均方算法，变步长的因子 μ 需要做一定的变换，即

$$\mu = \frac{1}{2(S(n)R(n))^\mathrm{T}(S(n)R(n))} \tag{6-100}$$

则基于该框架下的自适应控制算法权值更新迭代方程为

$$w(n+1) = w(n) + \frac{\mu_n}{\gamma + x^\mathrm{T}(n)x(n)} e(n)x(n) \tag{6-101}$$

其中，$X(n) = S(n)R(n)$。

2. 受控对象振动力学模型

1) 精冲机振动力学模型的建立

精冲机自适应主动振动控制系统中受控对象是控制的重要一环，建立受控对象的振动力学模型，得到控制系统的传递函数是必不可少的。假设每次冲压前恢复之前的材料分布，不考虑材料渗透的过程。冲压力位于竖直方向，所以主要考虑对变形影响最大的竖直方向，将机械式精冲机结构表示为线性弹簧阻尼器系统。

如图 6-67 所示[15,16]，每个质量块对应的运动方程可用下式表示，即

$$m_i\ddot{x}_i = \sum F_i^{imp} + \sum F_i^{el} \tag{6-102}$$

其中，F_i^{imp} 为施加在质量块 m_i 上的冲击力的总和；F_i^{el} 为施加在质量块 m_i 上的弹性力的总和。

整机的激振源源于主传动部分，作用于主传动部分的激振力主要有两部分。一部分是主传动机构本身产生的不平衡惯性力 F_y。另一部分是源于冲压断裂瞬间作用于主传动机构的弹性恢复力。这部分激振力相对来说比较难以求取，可以通过具体工况下的冲压模拟获得。

每个质量块对应的振动方程分别为

$$\begin{cases} m_7\ddot{x}_7 + c_7(\dot{x}_7 - \dot{x}_8) + k_7(x_7 - x_8) = F^{imp} + F_y \\ m_8\ddot{x}_8 + c_8(\dot{x}_8 - \dot{x}_9) + c_7(\dot{x}_8 - \dot{x}_7) + k_8(x_8 - x_9) + k_7(x_8 - x_7) = 0 \\ m_9\ddot{x}_9 + c_9\dot{x}_9 + c_8(\dot{x}_9 - \dot{x}_8) + k_9x_9 + k_8(x_9 - x_8) = 0 \end{cases} \tag{6-103}$$

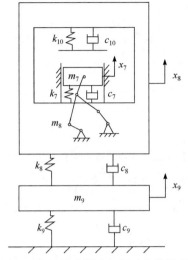

图 6-67　机械式精冲机振动力学模型

其中，m_7、k_7、c_7 和 x_7 为主传动部分的质量、等效刚度、等效阻尼和位移；m_8、k_8、c_8 和 x_8 为机身部分的质量、等效刚度、等效阻尼和位移；m_9、k_9、c_9 和 x_9 为安装基础部分的质量、等效刚度、等效阻尼和位移；k_{10} 和 c_{10} 为上模的等效刚度和阻尼；$\ddot{x}_j$ 和 $\dot{x}_j$ (j=6,7,8)为质量块对应的加速度和速度。

作用于主传动系统的不平衡惯性激振力为

$$F_Y = F_{1AY} + F_{4EY} \tag{6-104}$$

精冲断裂瞬间作用于主传动机构的弹性恢复力可以通过工艺模拟得到。针对 TC4 材料工件，设板料厚度为 5mm，冲压速度为 5mm/s，板料冲压模拟如图 6-68 所示。冲压力随时间变化的曲线如图 6-69 所示。由于冲压力作用于工件时，其反作用力作用于主传动系统，大小与之相等，方向相反，反映作用于主传动系统的冲击载荷变化。

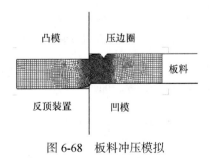

图 6-68　板料冲压模拟

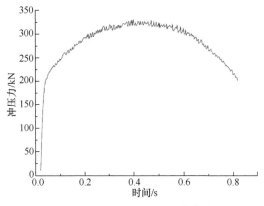

图 6-69 冲压力随时间变化曲线

2) 振动力学方程各参数的确定

针对 3200kN 机械式高速精冲机，要求解振动力学方程，需要结合精冲机结构求取各个未知的参数值，包括等效质量、等效刚度和等效阻尼值等。

(1) 地基安装系统。精冲机地基安装设计图如图 6-70 所示。

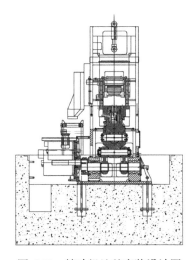

图 6-70 精冲机地基安装设计图

对于深层均质层中的嵌入式基础，可以使用 Beredugo 和 Novak[16,17]，以及 Novak 中的公式计算刚度和阻尼常数，即

$$\begin{cases} k = Gr_0(C_{v1} + \dfrac{G_S}{G}\dfrac{l}{r_0}S_{v1}) \\ c = r_0^2\sqrt{\rho G}(\bar{C}_{v2} + \bar{S}_{v2}\dfrac{l}{r_0}\sqrt{\dfrac{\rho_S}{\rho}\dfrac{G_S}{G}}) \end{cases} \tag{6-105}$$

其中，G 为土壤剪切模量；r_0 为圆形基础的基础半径或非圆形基础的等效半径；ρ 为土壤密度；l 为嵌入深度；G_S 和 ρ_S 为回填侧层的剪切模量和密度；无量纲刚度和阻尼参数 C_{v1} 和 $\bar{C}_{v2}$ 取决于无量纲频率；S_{v1} 和 $\bar{S}_{v2}$ 为侧层的无量纲刚度和阻尼参数。

地基系统刚度和阻尼相关参数参考值如表 6-10 所示。

表 6-10　地基系统刚度和阻尼相关参数参考值

土壤	半深埋		侧土层	
	C_{v1}	$\bar{C}_{v2}$	S_{v1}	$\bar{S}_{v2}$
黏性土壤	7.5	6.8	2.7	6.7
粒状土壤	5.2	5.0		

基于机械式高速精冲机的安装条件，土壤的平均剪切波速为 150m/s，质量密度为 1900kg/m³。基础系统的总质量取为 400000kg。回填材料的平均剪切波速为 120m/s，质量密度为 2400kg/m³。土壤剪切模量可以由 $G = \rho V_S^2$ 评估，对于地层等于 42.75MPa，对于侧层等于 25.9MPa。因此，基础安装系统的刚度和阻尼常数可以使用等式 (6-105) 计算，可得 $k = 8.1 \times 10^8$N/m、$c = 1.1 \times 10^7$N/(m·s)。

(2) 机身部分。由于机身部分的结构较复杂，通常采用有限元的方法获取机身部分质量块的等效刚度。给机身施加边界条件，将四个地脚螺栓固定约束后，在另一端施加作用力，可以获取机身的最大变形，则机身等效刚度为

$$k_f = \frac{F_f}{\Delta l} \tag{6-106}$$

其中，F_f 为施加在机身上的均布载荷；Δl 为机身在均布载荷下的最大变形量。

如图 6-71 所示，机身采用 Q235 材料铸造而成，底部螺栓固定约束，上横梁施加 200N 的均布力载荷，可以得到机身部分的变形情况。

可以看出，在固定载荷作用下机身部分的最大总变形量为 6.7324×10^{-8}m，按照刚度求取的公式，机身部分的等效刚度为

$$k_f = \frac{F_f}{\Delta l} = 200/6.7324 \times 10^{-8} = 2.971 \times 10^9 \text{N/m} \tag{6-107}$$

机身部分的等效阻尼值求取相对更加困难，在仿真模拟中，常需要先求取

冲击振动响应下系统的对数递减率 δ，对数递减率与结构阻尼比之间存在如下关系，即

变形量/m

6.7324×10^{-5}
5.9844×10^{-5}
5.2363×10^{-5}
4.4883×10^{-5}
3.7402×10^{-5}
2.9922×10^{-5}
2.2441×10^{-5}
1.4961×10^{-5}
7.4805×10^{-6}
0

0.00　　　　　　1000.00mm
　　　500.00

图 6-71　定载荷下机身变形情况

$$\delta = \ln\frac{x_i}{x_{i+T}} = \frac{2\pi\xi}{\sqrt{1-\xi^2}} \tag{6-108}$$

其中，ξ 为机身部分的阻尼比；x_i 为当时间在 t_i 时列机身上的位移、速度或加速度幅值；x_{i+T} 为时间于 t_{i+T} 时列相同位置上的位移、速度或加速度幅值。

因为 ξ 值很小，平方后可以忽略，所以简化可得

$$\delta = \ln\frac{x_i}{x_{i+T}} = 2n\pi\xi \tag{6-109}$$

通过上式，对数递减率 δ 确定后，就可以求得机身阻尼比 ξ，即

$$c = 2\xi\sqrt{mk} \tag{6-110}$$

因此，要获取机身部分的等效阻尼，需先求取系统在冲击载荷作用下振动幅值的对数递减率。采用有限元的方法可以建立机身部分的瞬态动力学模型，将底座固定，机身工作台和轴承座孔上施加 1MN，持续 0.02s 的冲击载荷。特定载荷下机身上加速度和速度衰减变化情况如图 6-72 所示。

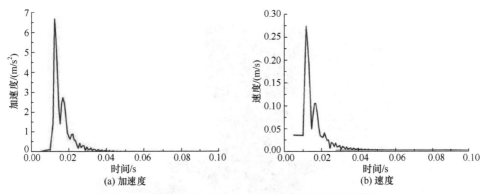

图 6-72　特定载荷下机身上加速度和速度衰减变化情况

由此可以求取表 6-11 所述的参数。

表 6-11　机身等效阻尼求取相关参数表

类型	幅值		对数递减率 δ	机身阻尼比 ξ
	t_i	t_{i+T}		
速度 v_7	0.272	0.103	0.971	0.154
加速度 a_7	6.691	2.731	0.896	0.143

根据机身部分等效阻尼的相关参数，可以看出机身阻尼比的数值在 0.15 附近，可取值 0.15。又已知机身部分总体质量为 12314kg，则依据式(6-108)~式(6-110)，可求得机身部分的等效阻尼值为 c_7 =1.81×10^6。

(3) 主传动部分。针对主传动部分，采用机身部分的等效刚度和阻尼求取方法求取相关参数。求取主传动部分刚度时，采用有限元的方法。如图 6-73 所示，将主传动系统底部轴承座施加支撑约束，滑块限制导轨位置水平方向上的位移。滑块顶部施加 200N 的均布力载荷，可以得到主传动部分的变形情况。

可以看出，在固定载荷作用下，主传动部分的最大总变形量为 6.0265×10^{-7}m，等效刚度为

$$k_T = \frac{F_T}{\Delta l} = 200/6.0265 \times 10^{-7} = 3.32 \times 10^8 \text{N/m} \tag{6-111}$$

主传动部分的等效阻尼同样可以用机身等效阻尼求取的方法得到，先求取主传动系统在冲击载荷作用下振动幅值的对数递减率。采用有限元的方法，建立主传动系统部分的瞬态动力学模型，将主传动系统底部轴承座施加支撑约束，滑块限制导轨位置水平方向上的位移。在滑块顶部施加 1×10^{6}N，持续 0.02s 的冲击载荷，主传动上加速度和速度衰减变化情况如图 6-74 所示。

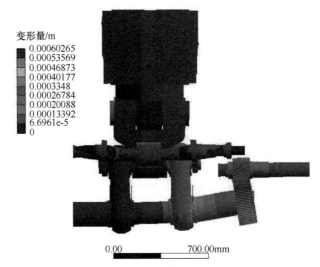

图 6-73 定载荷下主传动部分变形情况

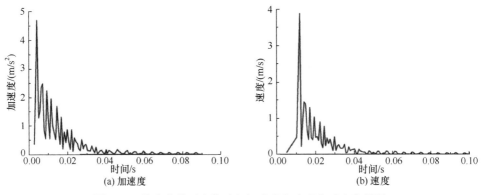

图 6-74 特定载荷下主传动上加速度和速度衰减变化情况

由此可以求取表 6-12 所述的系列参数。

表 6-12 主传动等效阻尼求取相关参数表

类型	幅值		对数递减率 δ	主传动阻尼比 ξ
	t_i	t_{i+T}		
速度 v_6	1.601	1.038	0.433	0.069
加速度 a_6	4.689	2.773	0.436	0.069

可以看出，主传动阻尼比的数值在 0.069 附近，可取值 0.069。又已知主传动系统部分总体质量为 2592kg，则依据式(6-107)～式(6-109)，可求得主传动部分的

等效阻尼为 c_6 =1.28×10^5。得到各部分的相关参数之后，受控对象的振动力学模型便最终确立，该振动力学模型可用于主动振动控制仿真。

3. 数值仿真与分析

取整机各部分振动响应进行观测，竖直方向的激振力对加工精度的影响是最直接也是最大的。因此，主动振动控制参考激振力输入可取冲压段的冲压激励和非冲压段的不平衡惯性力激励，模拟对机身处的干扰激振输入。为了模拟实际主动振动控制中的误差，在参考激振输入中加入随机振动模拟测量中的随机振动干扰，则可得参考激振力输入，如图 6-75 所示。

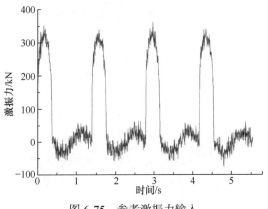

图 6-75　参考激振力输入

依照自适应振动前馈控制方法，在 MATLAB 中编程进行控制，取 μ_k =0.005、γ=10^{-5}。结合受控对象力学模型，可以得到有控和无控下机身振动响应，如图 6-76 所示。

可以看出，加了主动振动控制之后的结构振动响应可以得到有效地降低。在施加控制效果之后，机身观测点的振动响应在两个周期后达到稳定，收敛速度较快，此时具有稳定的控制效果。机身观测点的振动得到较大的抑制，振动响应最大值均降低 75%左右，振动响应幅值变化维持在 10^{-5}m 内，达到较高的振动控制水平。从主传动观测点的控制效果看出，控制后主传动的振动响应幅值在四五个周期之后达到稳定，比主传动达到稳定的速度稍慢，振动响应最大值降低 80%。基座处的减振效果最为明显，振动响应最大值降低 83%左右。同时，施加主动振动控制后的系统收敛速度都较快，在五个周期之内可达到稳定的控制效果。从仿真结果看，主动振动控制应用于精冲机时，虽然没有达到理想的完全消振效果，但振动抑制的效果是十分显著。这说明，主动消振应用于精冲机的振动控制具有理论和应用意义。

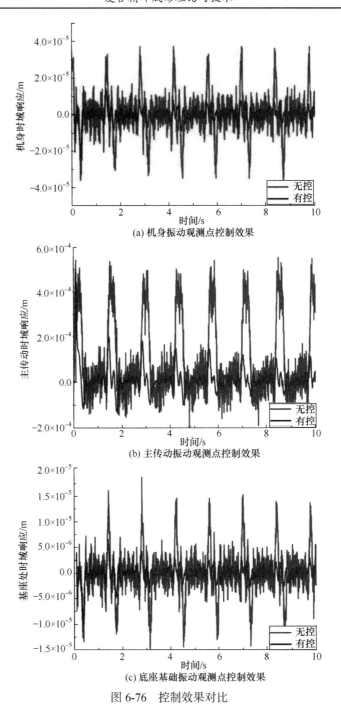

(a) 机身振动观测点控制效果

(b) 主传动振动观测点控制效果

(c) 底座基础振动观测点控制效果

图 6-76　控制效果对比

参 考 文 献

[1] 邓明, 胡根铭, 吕琳, 等. 精冲压力机的现状及发展趋势. 锻压技术, 2016, 41(8): 1-6.

[2] 华林, 叶德金, 汪小凯, 等. 双伺服驱动高速精冲机主传动系统的运动规划. 华中科技大学学报(自然科学版),2018,46(4):6-11.

[3] 刘艳雄,胡斌,华林.机械伺服高速精冲机的驱动系统设计与仿真.锻压技术, 2018,43(3):107-111.

[4] 刘波. 混合驱动九连杆冲压机构的研究与仿真分析. 太原：中北大学, 2013.

[5] Hroncová D, Binda M, Šarga P, et al. Kinematical analysis of crank slider mechanism using MSC adams/view. Procedia Engineering, 2012, 48(1): 213-222.

[6] 黄兆斌, 黄云龙, 余世明. 几种步进电机加减速方法的对比研究及其应用. 机电工程, 2011, 28(8): 951-953.

[7] 叶德金, 汪小凯, 刘艳雄. 双曲柄七杆机构精冲机参数化建模及运动仿真研究. 锻压技术, 2018, 43(5):85-88.

[8] 陈树新. 含间隙高速精密压力机动态特性研究. 南京：东南大学, 2012.

[9] Avitabile P. Modal space-in our own little world. Experimental Techniques, 2013, 37(1): 4-6.

[10] 郑基睿. 高速压力机关键参数对其振动影响的研究. 南京：南京航空航天大学, 2013.

[11] 符炜. 机构设计学. 长沙：湖南大学出版社, 2001.

[12] 胡文涛，刘艳雄. 机械式高速精冲机动平衡优化. 锻压技术, 2018, 43(5):56-62.

[13] 孙文豪, 张锋, 罗顺安,等. 自适应主动振动控制仿真分析. 噪声与振动控制, 2017, 37(6):23-28.

[14] Genta G. Vibration Dynamics and Control. New York: Springer, 2009.

[15] Zheng E, Jia F, Zhang Z, et al. Dynamic modelling and response analysis of closed high-speed press system. Proceedings of the Institution of Mechanical Engineers, Part K: Journal of Multibody Dynamics, 2012, 226(4):315-330.

[16] Beredugo Y O, Novak M. Coupled horizontal and rocking vibration of embedded footings. Canadian Geotechnical Journal, 1972, 9(4): 477-497.

[17] Novak M. Effect of soil on structural response to wind and earthquake. Earthquake Engineering & Structural Dynamics, 1974, 3(1): 79-96.

第7章　复合精冲生产线及典型零件复合精冲技术

7.1　全自动精冲生产线

典型的全自动精冲成形生产线如图 7-1 所示。为了提高生产效率，实现自动化生产，精冲材料一般为卷料，因此首先要进行开卷。板料卷曲后会发生弯曲塑性变形，为了保证精冲零件的平面度，板料要进行校平。然后，通过精冲机的自动送料系统将条料进行送进。自动送进系统含有条料自动润滑装置。涂有润滑油的条料进入模具型腔后，模具闭合，在模具中进行精冲成形。一次精冲成形结束后，模具打开，通过高压气体将零件及废料吹到传送带上，或者通过机械手将零件和废料取出。剩余的条料废料在每隔一定冲次后由废料剪剪断，获得一定长度的废料，便于回收处理[1]。

对于厚度 10mm 以上的板料，由于板料厚度太厚，难以做成卷料，因此一般采用条料直接送进精冲。

精冲成形后的零件需要进行去毛刺处理，可以采用振动光饰去除毛刺。对于尺寸精度或者表面质量要求较高的零件，可以采用专用的毛刷去毛刺设备。此外，对于有特殊性能要求的精冲件，还需要进行热处理。

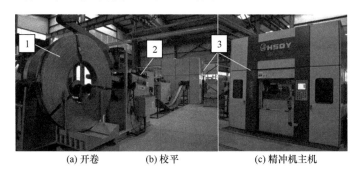

(a) 开卷　　　　(b) 校平　　　　(c) 精冲机主机

图 7-1　典型的全自动精冲成形生产线

全自动复合精冲生产工艺是一种先进的中厚板成形工艺，相比传统冲压+机加工的成形方式，能大大地提高生产效率、材料利用率，降低成本，改善劳动环境，同时由于复合精冲保留了塑性成形流线，可以提高零件性能。下面以链轮为例介绍。

传统链轮的生产工艺如图 7-2 所示，通过普通冲床落料得到齿坯，然后将多片齿坯叠在一起，通过铣齿机铣出齿形。传统工艺一分钟生产链轮约 1~3 件，尺寸精度及一致性难以保证，且生产环境恶劣，工人劳动强度大。

采用全自动精冲生产工艺后，链轮一次精冲成形(图 7-3)，生产效率达到每分钟 10~25 件，尺寸精度 IT6~8 级，且自动化生产，劳动环境好，符合国家绿色制造的发展需求。

　　(a) 普通冲压落料　　　　　　　　　　　　(b) 铣齿

图 7-2　传统链轮的生产工艺

图 7-3　精冲生产链轮

7.2　中厚板精冲与体积成形复合方式

精冲落料工艺与冷锻、镦粗、挤压、拉深、折弯、沉孔等体积成形工艺复合可生产制造三维复杂形状中厚板结构件。复合精冲工艺具有产品断面质量好、尺寸精度高、生产效率高、材料利用率高等特点，在汽车、高铁、航空、核电、机械等领域得到广泛应用。中厚板精冲与体积成形复合方式如图 7-4 所示。

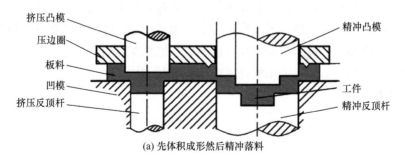

挤压凸模　　　　　　　　　　　　　　　精冲凸模
压边圈
板料
凹模　　　　　　　　　　　　　　　　　工件
挤压反顶杆　　　　　　　　　　　　　　精冲反顶杆

(a) 先体积成形然后精冲落料

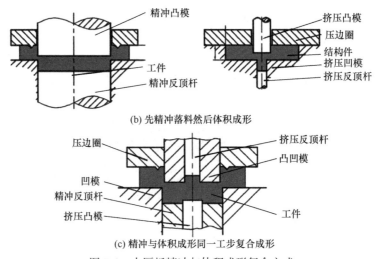

(b) 先精冲落料然后体积成形

(c) 精冲与体积成形同一工步复合成形

图 7-4　中厚板精冲与体积成形复合方式

　　先体积成形，然后精冲落料是目前精冲企业主要采用的一种复合精冲成形方式，目前已经得到成熟的应用。典型的级进复合精冲模具如图 7-5 所示。

图 7-5　典型的级进复合精冲模具

　　先精冲落料，然后成形，也称条料外移步连续成形。精冲落料后的坯料，通过机械手或者旋转模具，将工件通过移动到相应的成形工位上进行特征成形。典型的移步连续复合精冲模具如图 7-6 所示。虽然移步连续复合精冲成形模具制造成本非常高，但此成形工艺具有如下优点，即充分利用台面尺寸；减轻偏载；机械臂取件，减少零件碰磕；提高生产效率；满足特定零件的生产要求。因此，移步连续复合精冲成形技术是未来复合精冲成形技术发展的方向之一。

　　精冲与体积成形同一工步复合成形，模具结构比较复杂，制造成本相应提高，但是零件成形精度高[2]。

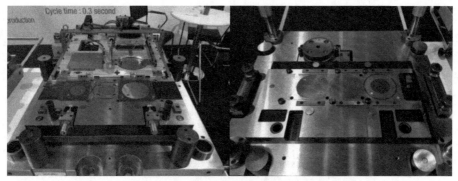

图 7-6　典型的移步连续复合精冲模具

7.3　典型零件复合精冲成形技术

1. 离合器盘毂复合精冲成形

双离合变速器是当前应用在汽车上最广泛的变速器之一。盘毂作为双离合变速器上的关键零部件，具有形状复杂、变壁厚、精度要求高、成形难度大等特点。汽车变速器轮毂结构示意图如图 7-7 所示。该盘毂件是一个带有侧齿的筒形件。其中，直壁部分为等节距齿形结构，筒底有一个中心孔，筒底周围分布有尺寸相同的腰圆孔，侧壁分布有尺寸相同的方形孔。

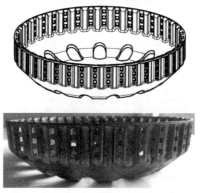

图 7-7　汽车变速器轮毂结构示意图

离合器盘毂采用厚度为 2mm 圆形坯料成形，首先通过精冲落料，然后通过拉深与镦挤成形盘毂齿形，从而获得最终零件。盘毂齿形结构示意图如图 7-8 所示。齿形三个不同位置 T_1、T_2、T_3 处的壁厚分别不小于 1.3mm、1.1mm、1.1mm；

齿形四个不同位置，即外齿齿顶 R_1、外齿齿根 R_2、内齿齿顶 R_3、内齿齿根 R_4 处的圆角值分别为 1.5mm、0.4mm、0.5mm、1mm。该零件的主要结构特点是齿形部分壁厚允许有一定程度的减薄，且齿形圆角较小，零件整体精度要求较高。

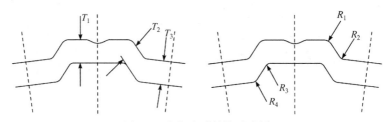

图 7-8　盘毂齿形结构示意图

通过产品工艺分析，盘毂零件非常适合采用复合精冲技术成形。其成形工艺流程为精冲下料-拉深-冷锻侧齿-落料冲孔-修边-校形。从工艺流程可以看出来，它不仅包含精冲落料，还包含板料拉深，以及板料局部冷锻两类典型的中厚板成形工艺。接下来重点分析这两种成形工艺。

1) 盘毂拉深成形

采用有限元仿真的方法，对盘毂的拉深成形进行研究，建立的拉深成形有限元模型如图 7-9 所示。模拟初始条件如表 7-1 所示。

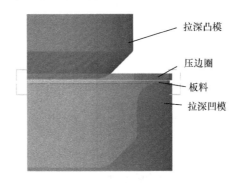

图 7-9　拉深成形有限元模型

表 7-1　模拟初始条件

参数名称	数值
坯料直径 D	214mm
坯料厚度 t	2mm
凸凹模间隙	1.2t

续表

参数名称	数值
压边间隙	1.2t
凸模底部圆角半径	16mm
凸模过渡圆角半径	2.5mm
凹模圆角半径	8mm
拉深速度 v	60mm/s
摩擦系数 f	0.1

　　拉深成形过程中的等效应力、等效应变，以及壁厚变化规律如图 7-10 所示。在拉深过程中，凸模向下运动，材料向凹模内部流动，凹模圆角处材料受到径向拉应力、切向压应力及厚向压应力的作用，因此此时凹模圆角处受到的等效应力最大。拉深成形后期，筒形件的直壁与锥形部分的过渡圆角区域受到较大的轴向拉应力、切向压应力及厚向压应力作用，因此此处的等效应力最大。对于应变筒形件的直壁与锥形部分的过渡圆角区域产生二次变形，因此变形量较大。此外，靠近筒口部位材料由于脱离压边圈的作用，受到较大的切向压应力作用产生大的压应变，因此该区域的等效应变较大。

　　对于壁厚，拉深成形后，筒形件直壁与锥形部分的过渡区域因受到较大的轴向拉应力作用，出现较大的壁厚减薄，最大厚向应变值为–0.139，最大减薄率约为 13%，而靠近筒口部位材料受到较大的切向压应力作用出现较大的壁厚增加，最大厚向应变值为 0.149，最大增厚率约为 16%。虽然筒口处增厚较大，但可以通过后续冲挤齿形工艺或切边工艺消除。

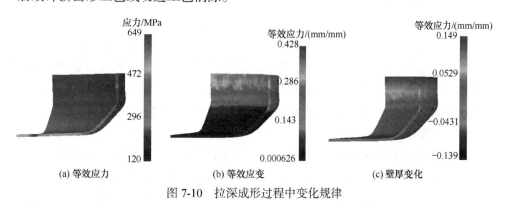

(a) 等效应力　　　　　　　　(b) 等效应变　　　　　　　　(c) 壁厚变化

图 7-10　拉深成形过程中变化规律

2) 盘毂侧齿冷锻成形

盘毂拉深成形后，接下来进行侧齿冷锻成形研究。冲挤成形有限元模型如

图 7-11 所示。成形过程为筒形件套在冲挤凸模上，冲挤凸模固定不动，冲挤凹模向上运动，完成冲挤齿形成形。侧齿冷锻成形工艺条件如表 7-2 所示。

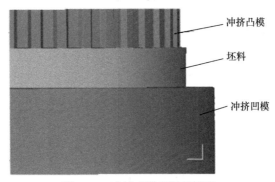

图 7-11　冲挤成形有限元模型

表 7-2　侧齿冷锻成形工艺条件

参数名称	数值
凸凹模间隙	2mm
凸模底部圆角半径	16mm
凸模过渡圆角半径	2.5mm
凹模入模角	30°
摩擦系数 f	0.1

(1) 等效应变分析

冲挤成形过程中等效应变分布如图 7-12 所示。初始阶段，坯料与凹模最先接触的部分受到模具的挤压作用最先发生塑性变形，因此该处等效应变最大。随着模具的继续运动，坯料受到模具的横向挤压产生压应变，同时坯料在纵向冲挤方向上受拉产生应变，所以发生挤齿部位的等效应变逐渐增大。等效应变最大的部位位于成形齿形的圆角处，说明该位置发生的塑性变形最为剧烈。金属流动量大，而坯料底部等效应变值为零，说明该区域金属几乎没有发生塑性变形。

(2) 齿形成形质量分析

齿形的成形质量从两个方面来评价，一方面是成形后齿形三个位置的尺寸，另一方面是齿形的圆角填充情况。成形齿形尺寸及圆角处未填充宽度如图 7-13 所示。冲挤成形完成后的 T_1、T_2、T_3 处的壁厚值分别为 1.99mm、1.72mm、1.78mm，满足成形件的尺寸要求，但齿形的圆角未能完全填充，外齿齿顶处的未填充宽度为 0.27mm，内齿齿根处的未填充宽度为 0.75mm。

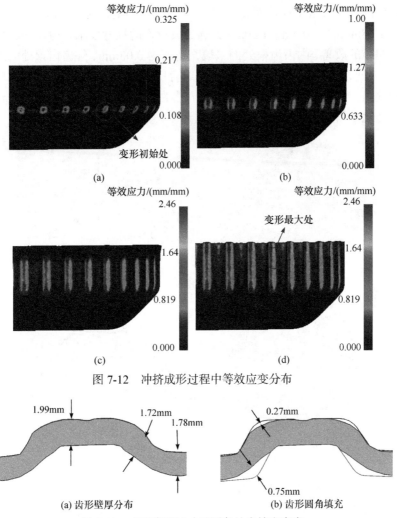

图 7-12　冲挤成形过程中等效应变分布

(a) 齿形壁厚分布　　　　　　(b) 齿形圆角填充

图 7-13　成形齿形尺寸及圆角处未填充宽度

　　为了使齿形填充饱满，满足离合器盘毂的尺寸精度要求，采用 BP 神经网络结合 Pareto 多目标遗传优化算法，对工艺参数进行优化[3]。优化前后成形结果对比如表 7-3 所示。

表 7-3　优化前后成形结果对比

指标	未填充宽度 w_1/mm	未填充宽度 w_2/mm
优化前	0.74	0.27
优化后	0.08	0.10
优化前后差值	0.68	0.17

　　优化前后盘毂成形质量对比如图 7-14 所示。优化后的 T_1、T_2、T_3 处的壁厚值分别为 1.68mm、1.10mm、1.20mm，满足成形件的尺寸要求。齿形的圆角填充性能得到明显的改善，内齿齿根处的未填充宽度为 0.08mm，外齿齿顶处的未填充宽度为 0.10mm，达到成形件的精度要求。综合比较，优化后盘毂件的成形质量得到明显的提高，说明运用 BP 神经网络结合多目标遗传优化算法对冲挤复合成形中参数的优化是可行有效的。

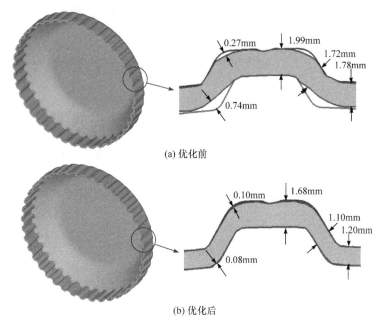

(a) 优化前

(b) 优化后

图 7-14　优化前后盘毂成形质量对比

3) 离合器盘毂成形模具设计

　　拉深成形的模具结构如图 7-15 所示。该模具主要由模架部分、凸模、凹模工作部分，以及压边圈组成。模架选用滑动导向四导柱钢板模架，模具采用倒装式结构，采用定压边间隙方式进行压边[4,5]。

　　拉深时，凸模固定在下模座上，凹模向下运动至完成拉深成形过程。拉深完成后，零件可能留在凸模上，也可能卡在凹模上，因此模具需要同时具有顶料结构和打料结构。若零件留在凸模上，利用卸料螺钉和压边圈结构将成形件顶出；若凹模回程时，零件随凹模一起向上运动，则利用推杆和推件板结构将成形件卸下。

　　由于成形零件是底部带有锥形结构的开口筒形件，成形难度比传统筒形件稍大，因此将凹模内侧设计成与零件外侧相吻合的形状，便于在拉深成形完成时对零件进行校正，以保证拉深件的尺寸精度。

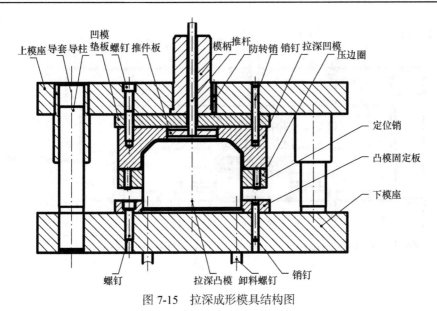

图 7-15　拉深成形模具结构图

侧齿冷锻工序的冲挤成形模具结构如图 7-16 所示。该模具主要由模架部分和冷锻凸、凹模工作部分组成。模架选用滑动导向四导柱钢板模架，模具的安装形式采用倒装式结构。

冷锻成形开始前，为保证拉深后的筒形件能够顺利套在冷锻凸模上，冷锻凸模的直径要比拉深凸模直径略小，因此模具设计时按照单边预留 0.2mm 间隙值的原则进行设计。

冷锻侧齿时，冷锻凸模固定在下模座上，冷锻凹模向下运动至完成冲挤成形过程。冷锻侧齿完成后，若零件留在凸模上，利用顶杆和卸料板结构将成形件顶出；若凹模回程时，零件随凹模一起向上运动，则利用推杆和推件板结构将成形件卸下。

2. 变速器行星排支架复合精冲成形

某典型的变速器行星排支架零件结构如图 7-17 所示。该零件的材料为 S35C，料厚为 4.5mm，包括冲孔、孔口倒角、向上及向下翻边等复杂的成形结构特征。

对于 $\Phi5$ 孔和 $\Phi10.4$ 孔，在零件底面上，$\Phi5$ 公差较大(±0.15mm)，普冲工艺就可以实现；$\Phi10.4$ 公差则较高，只有 0.05 mm，光亮带 90%，且有位置度要求 0.1，采用普冲冲压工艺难以实现，只能采用精冲工艺。翻边壁上的 $\Phi10$ 孔可以在翻边前冲压，也可以在翻边后冲压。如果翻孔后冲压，则需要进行侧向冲压。冲压难度将增大很多，且该孔的位置及孔径要求不高，因此优先考虑翻边前冲孔[6]。

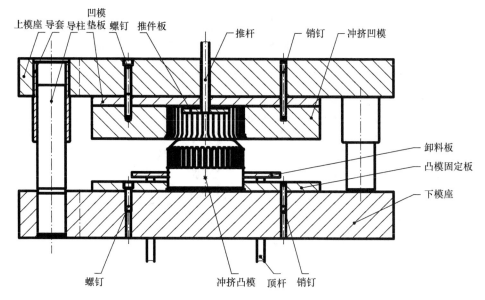

图 7-16　冲挤成形模具结构图

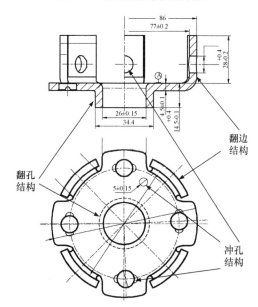

图 7-17　变速器行星排支架零件结构(单位：mm)

　　对于 $\Phi10.4$ 孔及孔口的倒角可以采用半冲压形式压倒角，然后冲孔，其示意图如图 7-18 所示。

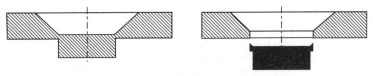

图 7-18　冲孔及压倒角成形工艺示意图

该零件的难点是底部翻孔成形，因此本书重点研究翻孔成形工艺。

方案 1：传统翻孔工艺。传统翻孔成形工艺为先预冲直径为 d 的孔，然后进行翻边。传统翻孔成形工艺如图 7-19 所示。根据体积不变原则，当预冲孔直径为 4mm 时，h=5.9mm，翻孔高度 T+h=10.4mm，图纸要求为 14.5mm，因此该翻孔无法采用预冲孔再翻孔的工艺来实现。

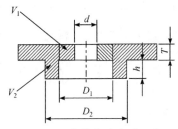

图 7-19　传统翻孔成形工艺

方案 2：增塑挤压成形工艺。对于板料厚度为 4.5mm，成形内孔直径为 26mm，外圆直径 34.4mm 的法兰，其极限成形高度为 10.5mm，不能达到该零件要求的 14.5mm，会出现较为严重的缺料现象。因此，该方案也不适合此零件的成形。

通过上述两种方案的分析可知，翻孔高度无法达到预期要求，主要是因为翻孔所需要的材料不足，因此要达到要求，翻孔时需要更多的材料进行补充。

增加材料的方法较为直接简单的为增加原始板料的厚度。板料取 6.5mm，预冲孔 $\phi6$ 时，可获得图纸要求的翻孔尺寸。但此方案增加了板材的厚度，翻孔后的厚度不满足产品要求，需要采用机加工序去除。如果仅有翻孔特征，则此方案是可行的。除了翻孔特征外，还有翻边、冲孔及压倒角特征，如插入机加工序，将使冲压工序无法连续进行。

基于此，本书提出一种新的拉深-翻孔-镦挤复合成形工艺(图 7-20)，即首先通过拉深工艺，将四周材料从外往内移动，用于补充翻孔所需材料，然后通过翻孔获得初步的孔型尺寸，最后通过镦挤成形使翻孔的内部及局部圆角尺寸满足要求。

此成形工艺的有限元仿真和成形实验结果照片如图 7-21 和图 7-22 所示。

根据工艺分析，制订的该零件排样图如图 7-23 所示。复合精冲成形的变速器行星排支架零件图如图 7-24 所示。可以看出，表面质量良好，经过检测，各尺寸精度均满足要求。

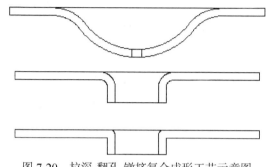

图 7-20　拉深-翻孔-镦挤复合成形工艺示意图

(a) 拉深后翻孔模拟结果　　　　　　　　　　(b) 凸缘R角镦挤模拟

图 7-21　成形工艺的有限元仿真

(a) 拉深成形　　　(b) 翻孔　　　(c) 镦挤成形

图 7-22　成形实验结果照片

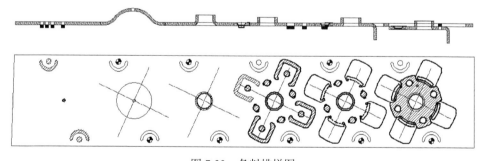

图 7-23　条料排样图

3. 变速器互锁板复合精冲成形

1) 成形工艺分析

变速器互锁板(图 7-25)是重型卡车变速箱上的重要零件。通过拨叉轴、互锁板等组成变速箱挡位互锁装置，可以实现各个挡位互锁功能，有效防止汽车行驶过程中因颠动产生掉挡乱挡的现象，增加行驶的安全性。该零件材料为 16MnCr5，料厚为 9mm。材料在球化退火后,实测抗拉强度为 405MPa,屈服强度为 326MPa。

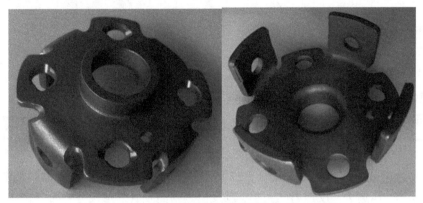

图 7-24　复合精冲成形的变速器行星排支架零件图

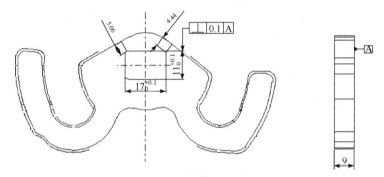

图 7-25　互锁板零件图(单位:mm)

　　该零件使用的要求是,以中心方孔定位,双点线表示的轮廓面与拨叉配合,要求配合面有较高的表面粗糙度及尺寸精度。然而,两侧凸出悬壁的宽度仅为 10mm,小于精密冲压件结构工艺性标准的推荐值 $1.5t \sim 2t(t$ 为零件厚度),并且方孔与零件外形边缘仅为 $0.5t$,远小于冲压件工艺性中的推荐值最小孔边距大于 $2t$(必要时取 $1t \sim 1.5t$)的要求,属于典型的薄壁厚板精冲件。如果仅从冲压件的工艺性分析,该零件并不适合冲压生产,宜采用机加工方式生产,然而机加工生产方式的生产效率低下,生产成本极大。如果采用冲压生产,可以极大地提高效率,降低成本。由于零件壁厚太薄,采用冲压生产工艺,模具工作零件的寿命是一个难点。

　　为了满足冲压工艺要求,提高凸凹模强度和寿命,采取局部增加零件壁厚尺寸,再通过二次修边达到零件要求尺寸的工艺措施[7]。最终确定的落料精冲工序外形简图如图 7-26 所示。冲压生产工艺为,复合精冲(精冲外形和方孔)-一次修边-二次修边-去毛刺。

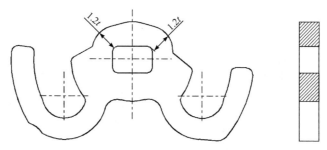

图 7-26　精冲工序外形简图

2) 复合精冲模具结构设计

复合精冲模具结构简图如图 7-27 所示。根据零件形状、尺寸及材料性能,计算冲压力、压边力、反顶力的大小,以及模具封高及其外形尺寸,选用 650T 精冲压力机。复合精冲模具的工作过程如下。

材料送进后,精冲压力机的下工作台升起,模具中的齿圈压板、反压板、退料块首先与压紧板料,形成精冲所需的三向压应力。下工作台继续上行,模具刃口切入板料直至材料分离。

冲压完毕,模具开启,精冲压力机压边缸向下推动压边杆、退料杆,使齿圈压板和退料块将带料和冲孔废料从凸凹模推出。精冲压力机反压缸向上推反压杆,使反压块将制件从凹模中顶出,然后将零件吹走。

此后,带料通过送料机构向左送料,继续重复进行精冲。

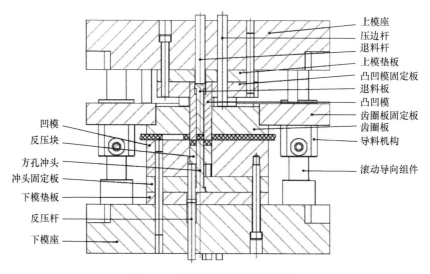

图 7-27　复合精冲模具结构简图

复合精冲模设计中,凸凹模是精冲模具的关键零件。它们的形状和尺寸直接影响精冲模具的刃口间隙和精冲零件剪切面的表面粗糙度值。它们的强度直接影响精冲模具的寿命。根据零件结构特征及精冲复合模结构特点，凸凹模结构形式可以制作成直通式和台阶式。直通式结构的优点是，可以直接采用慢走丝线切割加工，加工比较简单，成本较低，但其强度及刚性较差，难以固定在凸凹模固定板上。台阶式结构会局部增加凸凹模零件壁厚，提高零件的刚度与强度，并且由于凸凹模零件有更多的空间可以布置螺钉，因此可以简化凸凹模固定方式。此结构会增加模具加工难度，台阶孔需要采用坐标模来加工，增加单个凸凹模零件加工成本。

凹模与凸凹模之间的单边间隙均取为 0.04mm，凸凹模与方孔冲头之间的单边间隙取为 0.07mm。为了得到较好的精冲件剪切面光亮带，凹模刃口应倒 0.5mm 的圆角。方孔冲头刃口倒半径为 0.2mm 的圆角。

在冲击载荷作用下，承受高压和瞬时高温，刃口工作表面在高压和瞬时高温下，和制件的剪切面之间产生相对滑动摩擦，因此要选用硬度高、耐磨性好、强度大及韧性佳的模具材料。凹模、凸凹模及冲头都选用高铬工具钢 Cr12MoV，凹模及凸凹模的热处理硬度均为 60~62HRC，冲头为 58~60HRC。

3) 修边模结构设计

为了保证复合精冲模具结构强度及寿命，零件局部增加 5mm 的壁厚。一次修边无法得到比较好的冲压剪切面，我们需要进行两次修边。一次修边后留下余量 0.15mm。修边模具结构简图如图 7-28 所示。复合精冲成形的变速器互锁板如图 7-29 所示。

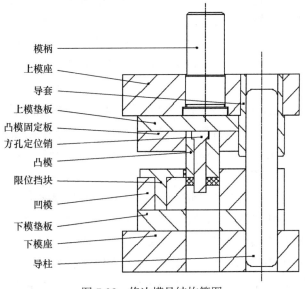

模柄
上模座
导套
上模垫板
凸模固定板
方孔定位销
凸模
限位挡块
凹模
下模垫板
下模座
导柱

图 7-28　修边模具结构简图

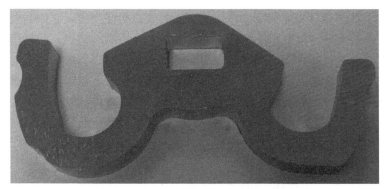

图 7-29　复合精冲成形的变速器互锁板

修边模设计要点如下。

(1) 必须设计限位挡块和方孔定位销,防止在修边过程中方孔产生变形,造成产品不合格。

(2) 凸凹模装配单面间隙为 0.05mm。

(3) 方孔定位销的长度突出凸模 t+3mm(t 为零件厚度),前端 3～4mm 做出一定锥度,便于导入方孔。

4. 纤维-铝合金层板复杂深腔构件应力增塑成形

复合精冲成形的基本原理是在成形过程中施加压边力和反顶力,利用静水压应力增加材料塑性抑制裂纹萌生与扩展,通过调控材料变形的应力状态,可以获得良好的断面质量。静水压应力增塑不仅可以应用于复合精冲成形,还可应用于其他的成形工艺,提高成形工件的质量。本书最后介绍一种纤维-铝合金层板复杂深腔构件应力增塑成形技术,可以为静水压应力增塑在塑性成形工艺中的应用提供一定的借鉴。

纤维-铝合金层板是一种将铝合金与纤维/树脂预浸料相间铺叠,在一定温度和压力下固化而成的超混杂材料。它具有比强度高、抗冲击性能好、损伤容限优异的优点,已作为尾翼前缘、拱顶、风扇叶片包边等关键构件的主体材料应用于欧洲空客 A380、美国波音 777、F-27 等重要机型。其中,尾翼前缘是保障飞机适航取证的核心构件之一,作用非常关键,其外形一般为双曲率,截面高宽比(高度 h/宽度 b)大于 2,是典型复杂深腔构件。在拉深成形过程中,极易产生破裂起皱等缺陷。为了克服纤维-铝合金层板复杂深腔构件拉深成形过程中容易产生裂纹缺陷,可以采用应力增塑温拉深成形技术。其基本原理如图 7-30 所示。如图 7-30(a)所示,在整个成形过程中,材料静水应力处于拉应力状态,极易产生裂纹缺陷。

图 7-30(b)是在拉深模具内添加一个橡皮囊，在变形阶段，通过橡皮囊产生的反向作用力引入较大的法向压应力 σ_z，此时静水应力由传统拉应力 σ'_m 减小至 σ_m，从而提高层板塑性变形能力。

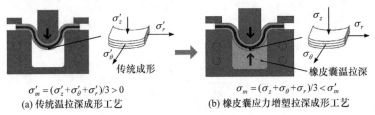

$$\sigma'_m = (\sigma'_z + \sigma'_\theta + \sigma'_r)/3 > 0$$
(a) 传统温拉深成形工艺

$$\sigma_m = (\sigma_z + \sigma_\theta + \sigma_r)/3 < \sigma'_m$$
(b) 橡皮囊应力增塑拉深成形工艺

图 7-30　应力增塑温拉深成形技术基本原理

为了验证上述理论的可行性，针对层板复杂深腔构件，开展普通拉深与橡皮囊温拉深实验对比。结果表明，采用传统拉深方法，试件出现明显的铝合金层断裂、纤维层断裂，以及铝合金层起皱缺陷(图 7-31)；采用橡皮囊温拉深，所得试件成形质量显著提高，通过数值模拟对铝合金层、纤维复合材料层的变形行为进行研究(图 7-32)。在法向约束和作用力的影响下，下层铝合金板的壁厚分布与上层铝合金板产生明显区别：上层板最大减薄率为 16.7%，下层铝合金最大减薄率仅为 10.3%，最大减薄率点由试件底部上移至中间区域，试件塑性变形能力提高。

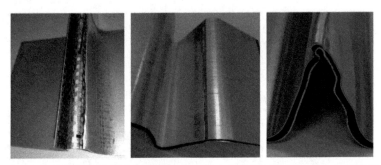

图 7-31　采用传统拉深方法得到的层板复杂深腔构试件及破裂、起皱缺陷

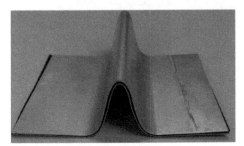

(a) 层板中上层铝合金板

变形量/mm

| 0.353 |
| 0.347 |
| 0.340 |
| 0.334 |
| 0.327 |
| 0.321 |
| 0.314 |
| 0.308 |
| 0.301 |
| 0.294 |
| 0.288 |
| 0.281 |
| 0.275 |

(b) 中间纤维层

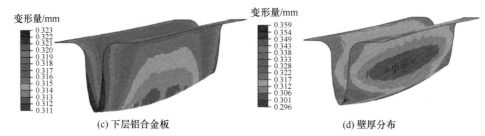

(c) 下层铝合金板　　　　　　　　　　　　(d) 壁厚分布

图 7-32　采用橡皮囊温拉深方法得到的层板复杂深腔构试件

参 考 文 献

[1] 刘艳雄, 华林, 张勇, 等. 汽车零件复合精冲成形技术与装备. 锻造与冲压, 2015,(8):24-28.

[2] Schmidt R A. 冷成形与精冲. 赵震译. 北京: 机械工业出版社, 2008.

[3] 肖晓伟, 肖迪, 林锦国,等. 多目标优化问题的研究概述. 计算机应用研究, 2011, 28(3):805-808.

[4] 周玲. 冲模设计实例详解. 北京:化学工业出版社, 2007.

[5] 陆元三. 冲压模具结构的安全技术措施. 锻压装备与制造技术, 2010, 45(3):62-63.

[6] 高志生. 一种行星排支架零件的精冲工艺开发// 第十一届中国精冲技术研讨会, 苏州, 2018:14-17.

[7] 肖振沿, 赵彦启. 薄壁厚板零件精冲工艺与模具设计. 锻造与冲压, 2017,(10):18-20.